THE RULES OF MANAGEMENT

A DEFINITIVE CODE FOR MANAGERIAL SUCCESS (5TH EDITION)

管理的法則

那些可以讓你看起來冷靜加分，在競爭中搞定一切的潛規則

RICHARD TEMPLAR

理查・譚普勒——著　陳思霖——譯

前言／

「管理」是一件奇妙的事，這不是我們大多數人在一開始就想做的事，但最終大部分人都會在某個階段發現自己身處其中。

職涯顧問：「你離開學校後想做什麼？」

十六歲的學生：「我想成爲一個管理者。」

這發生在你身上了嗎？沒有，我也沒有。但無論如何，現在你就是這樣了。

身爲管理者，你被期望成爲很多角色：堅強的支柱、領袖和創新者、魔術師（瞬間就可以變出加薪、資源和額外人手）、親切的叔叔／阿姨、可以依靠的肩膀、充滿活力的激勵者、嚴厲但公平的裁判、善於打交道的人、政治家、財務高手（這與魔術師截然不同）、保護者、救星和聖人。

你要負責管理一群可能不是由你挑選、或許你不喜歡且沒有任何共同點的人們，他們可能也不會太喜歡你。你需要耐心引導他們完成一天像樣的工作，同時負責照顧他們的身體、情感和心理的安全與福祉。你得確保他們不會傷害自己或彼此，也得確保他們在遵守相關法規的前提下完成工作。你要知道自己的權利、他們的權利、公司的權利以及工會的權利。

除了做好上面這些，你還得完成自己的工作。哦，對了，你必須保持冷靜和理智：你不能大吼大叫、摔東西或對人偏心。這份管理的工作要求很高。

你負責照顧團隊並讓他們發揮最大潛力。這個團隊有時可能會像小孩子一樣行事，但你不能打他們[1]（甚至可能無法解僱他們）。有時他們會像任性的青少年：睡過頭，不來上班，即使來了也不願意做什麼實質的工作，早早溜走，諸如此類的行為。

和你一樣，我也管理過團隊（我曾經同時管理多達一百人）。我需要記住每個人的名字和他們的小習慣，例如，海瑟每星期二不能加班，因爲她要接女兒下課；崔佛是色盲，所以在交辦他展場的工作時我要考慮到這一點；如果安排曼迪在午餐時間接電話，她會鬧脾氣，這可能會讓我們失去客戶；克里斯在團隊中表現很好，但無法自我激勵來獨立完成工作；雷會喝酒，所以不能讓他自己開車去任何地方出差。

身爲管理者，你還要充當高層管理與員工之間的緩衝。即使高層下達給你的指令荒謬無比，但你仍必須(a)設法讓你的團隊接受，(b)不能大聲抱怨或嘲笑，(c)即使這些指令毫無道理，你都要讓團隊合作執行。

你必須爲「今年沒有加薪」的決策辯護，即使這已經打擊了你團隊的士氣。即便外界謠言四起，團隊成員不斷地向你詢問，你仍然必須對任何關於接管、合併、收購、秘密交易、管理層收購等消息保密。

你不僅要負責管理人員，還要處理預算、紀律、溝通、績效、法律事務、工會事務、職業安全衛生、人事問題、退休、病假薪資、產假、陪產假、特休、事假、工時記錄、募款、同事離職的禮物、排班表、業界標準、消防演習、急救、空調流通、暖氣、管線維修、停車位、照明、文具、資源以及茶水和咖啡等瑣事。更不用說還有顧客這件「小事」。

此外，你必須與其他部門、其他團隊、客戶、高層、資深管理者、董事會、股

---

1 是的，是的，我知道現在不能打小孩，我只是想強調一個觀點，請不要寫信來抗議。

東以及財務部門協調（當然除非你是財務部門主管）。

你還需要樹立標準。這意味著你需要準時、誠實、穿著得體、勤奮工作、早起晚睡、冷靜負責、知識淵博，且要成爲一位無懈可擊的「雜要者」。這可不是件容易的事。

你要接受這樣的現實：作爲管理者，你可能會被嘲笑，被視爲愛操縱一切的阻礙者或官僚，還可能會被你的員工、股東或大眾認爲無能，甚至在實際工作中是多餘的。[2]

而你只想做好自己的工作……。幸運的是，本書有一些提醒和建議，可以讓你看起來很冷靜、獲得加分，並讓你成爲成功的管理者。這些就是管理的法則——不成文、不言而喻、下意識的潛規則。如果你想在競爭中保持領先，就把它們當成自己的秘密吧。

管理是一門藝術，也是一門科學。市面上有上百頁的書專門介紹如何管理。還有無數的培訓課程（你可能參加過）。然而，沒有哪本書或哪個培訓課程會包含這些讓你成爲優秀、有效率且稱職管理者的「潛規則」，也就是管理的法則。無論你是管理一兩個人還是上千人，都無關緊要，法則是一樣的。

你不會在這裡看到任何你不知道的東西。或是，如果你眞不知道，那麼當你讀完後，你一定會說：「這不是顯而易見的嗎？」是的，如果你認眞思考，它們確實都顯而易見。但是在現今這種節奏快、混亂、僅能勉強應付的生活中，你可能很久沒有認眞思考過這些。而眞正不那麼明顯的是，你是否有確實地在實行這些法則。

我將這些法則分爲兩個部分：

- 管理你的團隊
- 管理你自己

---

2 如果這讓你對於當管理者感到有些沮喪，別這麼想。管理者是推動世界運轉的力量。我們有機會領導、啓發、激勵、指導、塑造未來。我們有機會對企業和人們的生活產生積極影響力。我們可以為世界的現狀做出真正且正面的貢獻。我們不僅是解決方案的一部分，還是解決方案的提供者。我們是法官、警長和巡警的綜合體。我們既是引擎，也是船長。這是一個極具意義的角色，我們應該樂在其中——儘管這個角色並不總是容易……。

我認為這應該相當簡單。這些法則並沒有按照任何特定的重要性來排序，前面的法則並不會比後面的更重要，反之亦然。閱讀書中所有法則後，先從你覺得最容易的開始做。一些法則會自然地相互配合，讓你無意識地同時執行。很快地，你就會顯得冷靜自如，自信果斷，掌控全局，輕鬆應對，並卓越地進行管理。這不錯吧，畢竟沒多久前你還忙得焦頭爛額！

在開始之前，或許值得花些時間來確定一下我們說的「管理」究竟是什麼。這不像聽起來的那麼簡單。對我來說，每個人其實都是管理者：父母、自僱者、企業家、受僱者，甚至是繼承財富的人。我們都需要「管理」，哪怕只是管理自己，我們仍然必須應對挑戰、充分利用現有資源、激勵自己、制定計畫、處理問題、推動進程、監督、衡量成效、設定標準、編列預算、執行任務並努力工作。只不過，有些人要與更龐大的團隊一起完成這一切，但根本的東西並沒有改變。

哈佛商學院將管理者定義為「透過他人取得成果的人」。管理大師彼得・杜拉克（Peter Drucker）認為，管理者是「有責任推行計畫、執行和監督的人」；而澳洲管理學院（Australian Institute of Management）的定義則是：管理者是「透過計畫、領導、組織、授權、控制、評估和預算來達成目標的人」。我完全同意這些說法。

無論以何種形式或方式去思考，我們其實都是管理者，都需要執行管理的工作。任何能讓我們生活更簡單的事物都是一個額外的幫助。在書中你將看到的都是簡單的管理規則，它們不狡詐或隱晦，實際上它們都相當明顯。如果你仔細思考每一條法則並堅持不懈地徹底落實，你會驚訝地發現，它們爲你的工作和生活帶來多大的影響。

你可能已經知道書中的所有內容，但你眞的有去實踐嗎？本書將幫助你激勵自己，付諸行動，眞正去落實那些你已經知道的事情。如果有任何意見或想分享你自己的法則，可以來我的Facebook：www.facebook.com/richardtemplar

理查・譚普勒

目次／

Part 2 管理你自己……115

Part 3 創業的法則……271

Part 1 管理你的團隊

Managing Your Team

我們都需要與人一起工作，無論這群人被稱爲團隊、部門、小組、工作組員甚至臨時夥伴，名稱並不重要。許多管理者常犯的錯誤是認爲他們在管理「人」。他們把人視爲工具或日常運作的籌碼。團隊成員成功，管理者就會成功——理論上是這麼說的。

不幸的是，這是一個迷思。我們需要明白，管理者的眞正角色是管理「流程」，而不是人。如果你讓員工自己管理自己，他們可以做到。你眞正需要專注的是管理的核心工作：策略。團隊只是實現這個目標的手段。如果所有員工都能被機器取代（多少人曾祈求這種事情發生？），我們依然需要制定策略，依然需要管理整個流程。

當然，作爲管理者，我們要與眞實的血肉之軀打交道，必須了解團隊成員的動機、想法、感受、爲什麼來上班、爲什麼全力以赴（或敷衍了事）、害怕什麼、有何希望與夢想。我們需要鼓勵和指導他們，提供他們完成工作並自我管理所需的資源，監督他們的流程，爲他們制定策略。我們會爲他們擔心，照顧他們，站在他們身邊支持他們。但我們不會管理他們，會讓他們管理自己，而我們將專注在自己身爲管理者的眞正角色。

法則1

讓團隊在工作中投入情感

讓人們相信自己所做的一切都能產生影響力——這當然是真的。

你管理的是人，他們是爲了一份工作而被僱來的，但如果對他們來說這只是一份工作，你將永遠無法獲得他們最大的努力。如果他們來工作只是爲了打卡上下班，在期間盡可能少做事，那麼身爲管理者的你註定會失敗。相反的，如果他們來上班是爲了享受工作，爲了挑戰自己，爲了被激勵，爲了有參與感，你就有機會從他們身上得到最好的結果。關鍵是，「從平庸跳躍到卓越」完全取決於你：是你要去激勵他們，領導他們，激發他們，挑戰他們，讓他們在工作中投入情感。

對你來說這沒問題，你也喜歡挑戰，不是嗎？好消息是，想讓團隊投入情感其實很簡單。你要做的就是「讓他們關心自己在做的事」。這並不難，你必須讓他們看到自己所做事情的意義：這能如何影響他人生活、如何滿足他人需求、如何透過自己的工作與他人產生聯繫。讓他們相信自己做的事情是有意義的——這當然是事實，讓他們相信自己對社會有貢獻，而不是只塡滿了股東的口袋或讓執行長坐擁高薪。

比起管理銷售廣告的團隊，管理護理師比較容易凸顯他們的貢獻度，但如果仔細思考，你會發現任何角色都有其價值，而且能讓從事這些工作的人產生自豪感。我們來看一個例子吧。

銷售媒體廣告版位的人，他們是在幫助客戶（其中一些可能是非常小的公司）觸及所需的市場，讓客戶在報章雜誌上向潛在消費者宣傳自家產品，消費者可能對這些產品或服務渴望已久且確實需要。另一方面，購買廣告版位的公司等同於是在支持報紙或雜誌這些媒體的營運，因爲媒體依賴廣告收入來維持經營，而購買報章雜誌的讀者則從中獲取資訊或娛樂（否則顧客就不會購買了，對吧？）。

「讓員工關心自己的工作」是一件容易的事。這是基本的，每個人內心深處都渴望被重視和發揮自身價值。犬儒主義者（cynics）可能會說這是無稽之談，但這是事實，是深刻的眞理。你只需要深入挖掘探索，就會找到關懷、情感、責任感以及投入感——把這些東西都挖掘出來，他們就會永遠追隨你，甚至不會意識到爲什麼。

對了，請務必在進行這個法則之前，先讓自己深信這一點。你是否相信自己所做的事情會產生積極的影響力？如果你不確定，就深入探索，找到一個能讓你自己在乎的理由！

法則2

了解什麼是團隊以及它如何運作

當每個團隊成員都只關注在自己的目標時，團隊將無法良好地互相配合工作。

什麼是團隊？它是如何運作的？如果要成爲成功的管理者，就必須知道這些問題的答案。

團隊不僅僅是一群人的集合，它是一個具備自身動態、特質和規範的組織。如果不了解這些，你將舉步維艱。但如果確實掌握住了，你就能帶領你的團隊達到卓越目標。

在每個團隊中，成員各自以不同的力量推動著不同的方向。有些人大放異彩，你懂我的意思吧，有些人願意在後方默默支持，還有些人看似沒在做任何事情，但你會需要他們來提供創意。

如果你以前沒有研究過團隊動態，我強烈建議你閱讀梅瑞迪斯．貝爾賓（Meredith Belbin）的著作《管理團隊：他們成功或失敗的原因》（*Management Teams: Why they succeed or fail, Routledge, 3rd edition*, 2013）。如果你已經讀過，可以直接跳到下一個法則。本書專爲那些致力於「激發核心成員最大潛力來達到成果」的管理者所設計。我會簡述貝爾賓的觀點，但我強烈建議你落實他所倡導的方法。

貝爾賓指出，團隊中有九種角色，每個人都在履行當中的一個或多個角色的職責。辨識自己角色的特質很有趣，而辨識你團隊的角色特質並運用這些訊息會更加有用。

這九個團隊角色分別是：設計者（Plant，即創新者）、資源調查者（Resource Investigator）、協調者（Co-ordinator）、形塑者（Shaper）、監督者（Monitor Evaluator）、團隊工作者（Team Worker）、執行者（Implementer）、完成者

（Completer）和專家（Specialist）。如果你想知道更多，一定要去閱讀貝爾賓的書。

現在你知道團隊中可能有哪些角色了，所以，團隊到底是什麼？你要如何讓你的團隊更有效率？再次強調，請閱讀貝爾賓的書，並且要理解：團隊是一個「所有成員都專注在共同目標」的群體。若每個成員只專注在自己的目標，那麼團隊就無法良好地相互合作，不論他們自己的目標是在公司撐過一天、追求個人進步、設法扯管理者的後腿（對，就是扯你後腿），或是把工作當成交友俱樂部。

當你聽到「我們」／「大家」比「我」／「我自己的」更頻繁時，當困難的決策變得更容易，因爲有人說「沒關係，我們一起面對」，當團隊主動告訴你「我們是一個團隊」——你就會知道自己眞的擁有了一個團隊。

法則 3

設定實際的目標——是真的要切合實際

持續向你的上司反映問題。

當我在爲這本書做研究時，有人告訴我，設定「實際可達成的目標」是不切實際的，所有目標都應該「具有挑戰性」，因爲這樣才能讓董事會印象深刻。現在，你看出問題了嗎？這樣就不是在討論如何激勵團隊、完成任務、營造成功與創意的氛圍，而是在討論如何取悅董事會。從表面上看來，這或許是個聰明的做法——如果你的董事會成員是一群猴子的話，但我敢打賭，他們不是猴子。我敢肯定，他們是一群精明幹練的人，能在瞬間看穿這種小伎倆。

當我說「實際可達成」，並不是指降低標準或設定輕而易舉的目標。我指的是「切合實際的目標」。這可能會很吃力，可能會是一場硬仗，可能意味著你的團隊必須加倍努力、更拼命、更長時間地工作，甚至得更聰明地應對。但這條法則強調的是「可實現的」，也就是在你能力範圍內能夠達成的目標。當然了，你們可能仍然需要稍微挑戰一下自己。

「實際可達成」的意思是，你清楚你的團隊能力所在，也明白上司對你們的期望。你需要在這兩者之間找到平衡，讓雙方都滿意。你不能對團隊施加過大的壓力，讓他們無法承受，但同時也不能讓你的上司覺得你們在偷懶。

如果你的上司堅持設定不切實際的目標，你必須把這個問題反映給上司。不要爭論，也不要拖延，就是直接反映給他們。問問他們認爲這些目標可以怎麼實現，明確指出這些目標不切實際。做好充分的準備，拿出充分的理由，然後再次詢問他們：究竟該如何實現這些目標。提出一個你認爲實際可行的目標，並提供數據支持你的觀點。持續向上司反映問題，並請求他們進一步說明。最終，他們會設定一個更實際的目標，或者直接命令你去完成不可能的任務。不管結果如何，你都可以擺脫這個問題。如果他們爲你設定了實際可行的目標，那你只需要達成這些目標（你知道自己做得到）。如果他們要求你去完成不切實際的目標，你同樣無需擔心；當最終你無法達成這些不可能的任務時，你可以明確指出，自己當初已經提出過異議，並曾向他們反映過問題了。

法則 4

舉行有效的會議

事先確定會議的目標，並確保達成該目標。

我們都參加過這樣的會議：冗長無聊，人們絮絮叨叨，議程隨手寫在信封袋背面或臨時湊出來，討論毫無準備，資訊不足，通知倉促，還有無止盡的：「你沒開麥克風……。」

身為管理者，你必須主持會議，且務必要讓它有效果。在會議開始之前，先確定會議目標，並確保最終達成該目標。

基本上，會議只有四個目的：

- 建立並凝聚團隊

・傳達訊息
・腦力激盪（並做出決策）
・收集訊息（並做出決策）

有些會議可能涵蓋其中一項或多項目的，你應該事先意識到這一點，並將其納入會議目標。如果你的會議只是爲了傳達訊息，那麼完成後就趕快結束會議，不要拖延。但如果你的目的是討論訊息內容，那就是另一種類型的會議，應該有不同的目標設定。

請記住，有些會議的目的是要讓團隊成員彼此認識、建立關係、交流互動、了解彼此，並讓他們看到你作爲團隊領導者的眞正角色。

如果你希望會議有效率，那麼一定要牢牢掌控全局——此時可不是讓大家隨意發表意見的民主論壇。你是管理者，你掌握主導權，就這麼簡單。要讓會議有效率，就不能讓任何人在此時回憶往事、漫無邊際地閒聊、喋喋不休、不肯閉嘴或過於放鬆。保持會議節奏快速進行，並在最短時間內結束，讓所有人迅速離場。

法則5

拜託，要讓會議真的有效

所有會議應準時開始，絕不等待任何人。

好了，既然你已經確定這場會議是必要的，也清楚它的目的，那我們就盡可能讓它簡短且有效率吧。

將所有會議安排在一天結束前，而不是一開始，這樣大家都急著下班，會議自然會更精簡；如果是早上開會，大家有足夠時間可以離題閒聊。當然，除非這是個用來促進團隊感情的會議，那麼你可以放心地安排在一天的開始。

看看有多少會議可以改用Zoom視訊會議、電話會議或一對一會議的方式進行，並剔除所有非必要的與會者。所有會議都應準時開始，絕對不要等任何人，也不要爲遲到的人重複會議內容。如果他們錯過了重要訊息，可以在會議後向別人詢問，這能「教會他們」[1]下次要準時參加。有個實用的小技巧：永遠不要把會議安排在整點開始，而是設定一個「不規則」的時間，例如三點十分而不是三點整。你會發現這樣能讓大家更準時。如果想要更有趣一點，可以試試三點三十五分！

會議應提前適當安排——但也不要太早，這樣就沒有人能用「已有其他行程」

---

1 蛤蟆吃完早餐後，拿起一根結實的木棍，揮舞著猛打想像中的敵人。「我要讓他們學到教訓，竟敢偷我的房子！」他大聲喊道，「我要讓他們知道厲害！我要讓他們知道！」

「蛤蟆，別說『讓他們知道（learn ’em）』，」老鼠聽了大為震驚，糾正說，「這不是正確的英語。」

「你老是對蛤蟆嘮叨個不停幹嘛？」獾有些不耐煩地問道，「他的英語怎麼了？我也是這麼說的，如果這對我來說夠好了，對你來說也應該夠好！」

「對不起，」老鼠謙卑地說，「我只是覺得應該說『教會他們（teach ’em）』，而不是『讓他們知道（learn ’em）』。」

「但我們可不是要『教』他們，」獾回嘴道，「我們就是要讓他們知道厲害——讓他們知道！讓他們知道！而且，更重要的是，我們真的會這麼做！」

——摘自肯尼斯・葛拉罕（Kenneth Grahame）的《柳林風聲》（*The Wind in the Willows*）

爲藉口推託。前一天記得確認所有與會者是否記得會議時間，並確保他們能夠出席。

由你來決定誰負責會議記錄，並確保他們確實記錄，且符合你的要求。你不需要強勢或咄咄逼人，但要態度堅定、友善，並牢牢掌控全局。

確保議程上的每個議題最終都有明確的行動計畫——如果沒有行動計畫，那就只是閒聊而已。當然，也可以直接做出決策。

絕對不要設置「其他事項」這個環節。如果某件事重要，它應該列入議程；如果不重要，那就根本不該在會議上提出。「其他事項」通常只是某人試圖在會議上占人便宜或推銷自己的想法，千萬別允許這種情況發生！

如果會議人數過多，像是超過六個人，就要拆成小組委員會，讓各委員會負責處理特定議題，然後再回報結果。

最重要的一點——這條一定要牢記在心，所有會議都必須有明確的目標。會議結束時，你應該能清楚判斷是否達到這個目標。對了，還有一個小技巧，就是讓與會者坐在不舒服的椅子上，或者乾脆站著開會（像電視劇《白宮風雲》那樣）。這能大幅加快會議進度！

法則6

讓會議變有趣

舊的會議方式必須停止，而你就是負責改變的人。

我猜想，在你一路晉升到如今這個顯赫的職位時，應該也經歷過無數漫長、無聊、讓人昏昏欲睡的會議。這個惡性循環必須被打破，我相信你就是能打破它的人。舊的開會方式該結束了，而你正是最適合終結它的人！

所以，讓我們把會議變得更有趣一點吧。在繼續之前，我想起了一個曾經讀過的小技巧：給每位與會者發五枚硬幣，當他們想發言時，必須花費一枚硬幣，硬幣用完後，他們就不能再說話了。這個方法是爲了讓人們更謹愼發言，不輕易浪費發言時間在無關緊要的話題上。有趣嗎？或許吧，但這樣做可能會讓你落得「死板無趣」或「無能的會議主持人」的名聲。

同樣地，以下做法也會讓你變成笑柄，或者讓會議徹底失去專業度：

- 要求與會者穿著奇裝異服
- 提供食物或飲料（除非是在午餐時間，這只是功能性安排而不是娛樂；如果你帶團隊去餐廳或酒吧，這就不是會議，而是團隊聯誼或感謝宴，詳見法則20）
- 在會議中安排遊戲、測驗或競賽
- 在椅子底下藏一些東西當小驚喜，例如巧克力
- 使用「發言權杖」（別問，這是加州新時代文化的產物）
- 讓大家戴上眼罩蒙著眼睛開會
- 讓最資淺的成員主持會議

這些做法只會讓會議變得荒謬、失控，甚至愚蠢，千萬不要這麼做。

那麼，該如何讓會議變得更有趣，而又不會顯得像個拙劣的模仿秀？首先，「有趣」並不等於幼稚、愚蠢，或者刻意搞笑。

有趣指的是讓會議不那麼死板，讓大家可以自在表達，並貢獻自己的想法；允許人們分享會讓他們發笑的事，而不用擔心被白眼；允許適當地講述故事或趣聞來放鬆一下氣氛（但也要知道何時說：「好了，我們回到正題上」）。有趣也意味著在會議形式上保持彈性，例如允許團隊其他人對會議地點或方式提出建議，也許你的公司有很棒的會議室，想想是否可以改在那裡開會？如果天氣好，甚至可以考慮到戶外進行。

自信的管理者（像是你），可以靈活調整會議方式，因爲他們有足夠的從容、冷靜與信心。而刻板的管理者之所以死守僵硬的會議流程，是因爲他們缺乏安全感，害怕變通，才會試圖採用僵化的制度來掩飾自己的不自信。

法則 7

讓你的團隊比你更優秀

當你建立了一個優秀的團隊，他們會習慣由你來擔任管理者。

一位真正優秀的管理者——沒錯，說的就是你，會知道當團隊展翅高飛時，自己也會隨之翺翔。而要讓你的團隊起飛，則需要勇氣、毅力、決心以及滿腔的熱情。

你必須讓團隊成員比你更強，這意味著你要信任他們，爲他們提供最好的資源，訓練他們能夠接手你的工作，並且相信他們在接手時不會在背後捅你一刀。同時，你要對自己的能力有足夠的信心，當他們成功時不會嫉妒或感到威脅。這確實不是件容易的事。

能做到這一點的管理者不多，他們要相當有實力，因爲這需要極大的安全感與自信。坦白說，鼓勵你的團隊勇敢迎接挑戰需要很大的勇氣。

現在來看看你的團隊。他們當中有哪些人未來可能接替你的位置？你能與他們分享什麼來幫助他們成長？

能夠接替你位置的人，就是你應該重點栽培的對象，他們通常都聰明、積極、充滿幹勁。

我曾經有一位年輕的助理，他聰明得讓我感到有些害怕。

當我晉升時，他順理成章地接替了我的位置；而在我多次升遷後，他總是緊隨在後，僅一步之遙。

奇怪的是，他在很多方面其實比我更優秀，但他從來沒有冒險超越我。可能是出於尊重，不過對此我很懷疑，畢竟我們所在的產業競爭激烈，甚至可以說有些殘酷。或許他沒有超越我純粹是習慣使然。

當你建立了一個優秀的團隊後，他們會習慣由你來擔任管理者，並對此感到安心，這樣就不容易有背叛或試圖取而代之的情況發生。

團隊只有在感到不滿或不被信任時，他們才會試圖反抗或超越管理者。

所以，帶領他們成長，培養他們，幫助他們變得更好。

法則 8

知道自己的重要性

如果你不樹立標準、不提升團隊格局、不成為你希望團隊成為的那種人，你就永遠無法成為真正卓越的管理者。

你是團隊中最重要的人，你必須清楚這一點。不是因爲你比別人更優秀、更有經驗、更有價值，或者有什麼值得驕傲的地方，而是因爲你的行爲將成爲大家的榜樣，你成爲了標準。

如果你耍手段、搞小動作、擔心團隊成員比你更優秀、暗中監視他們、試圖壓制他們的光芒，或者缺乏道德、對人不尊重，或做其他類似的事情，那麼你就不可能成爲出色的管理者。如此一來，你的團隊會整天提心吊膽，無法專注於工作，而你的部門也別想有所成就。

你不會做這些骯髒的事？很好，這值得肯定。但如果你整天抱怨，對公司高層或客戶指指點點、抱持消極態度、抗拒變革，或總是盼著週五下午，凡事選擇最輕鬆的方式，逃避辛苦的工作，那麼你的團隊也會模仿你的行爲。

記住了，如果你不去樹立標準、不提升團隊格局、不成爲你希望他們成爲的那種人，你永遠都無法成爲眞正卓越的管理者。你的團隊就像一群鳥、一群羊，或任何會成群行動的東西（當然，成片的壁紙除外，畢竟它不會自己移動去跟隨什麼）：一個帶頭，其他的就會跟上，而你就是那個帶頭的。如果你發光，整個團隊都會閃耀；如果你失敗，整個團隊也會跟著失敗。這一切都是因爲你。想想，這是不是有點可怕？

但別擔心，因爲你可以成爲團隊成員們需要的優秀管理者，引領他們前進。而當你做到了，你的團隊也會成爲一個出色團隊，充滿優秀人才。不僅你個人會成功，你還能帶動身邊的人一起走向成功。你會用熱情來接受每一項任務，同時以縝密的分析與務實的策略來處理。你會公平對待周圍的人，激勵他們，兌現承諾甚至超越預期，營造正向積極的工作氛圍，而你的團隊也會跟著你一起做到這些——這一切都是因爲你。

法則9 設定你的界限

零容忍的好處在於你有一個明確的標準來衡量一切。

從第一天開始，你就必須完全掌控紀律這個問題。還記得之前提過，管理團隊有點像當父母嗎？作爲父母，你必須設定界線，並且實行零容忍政策，如此才能讓局面不失控。只要你稍微讓步，他們就會得寸進尺。如果大家覺得你「很好說話」，他們就會開始占便宜。設立清晰界線和零容忍的好處是：你有一個明確的標準來衡量一切。你只需要問：「這是否違反了規則？」如果是，就立即制止。如果你允許違規存在，那麼問題就來了：你的底線在哪裡？

假設你的明確規範是準時上班（當然也可以是穿著規範、客戶服務標準或使用私人電話的規定，我們就以準時爲例）。如果允許遲到一分鐘，那兩分鐘呢？如果兩分鐘沒問題，那三分鐘呢？以此類推，直到大家隨心所欲地遲到。但如果你從一開始就不允許遲到，這個問題就不會存在，你不需要再爲這件事煩惱。反之，如果你允許某些小小的違規行爲，那你就會陷入不斷權衡的困境：「這次算不算太過分？」、「我能重新掌控局面嗎？」、「我到底願意讓這種情況發展到什麼程度？」

這不表示你需要制定成百上千條規則，也不代表你必須變得極度死板不通情理。你需要確定幾條對你、團隊和公司來說至關重要的關鍵界限，讓大家清楚知道，並且堅定執行。

請記住，你是在管理一個團隊，而不是單個人，這點我會在書中不斷強調。你可能會認爲，對每個人都可以做個別的例外處理，但你面對的不只是個人，而是整個團隊。如果你對某個人特別寬容，那麼你就必須對所有人都寬容；如果你允許一個人遲到，你就必須允許所有人都可以遲到；如果某個人違規你卻不處理，那麼所有人都能違規。

優秀的管理者對不當行爲會採取堅定的態度，因爲這能向整個團隊傳遞一個明確的訊息：你是一位優秀、果斷、有掌控力的管理者，比起讓大家覺得你是個隨和、悠哉、好相處的人，你更重視團隊整體的成就。當然了，從個別角度來看，團隊中的某些成員可能會覺得你挺酷的，因爲你放任他們隨心所欲，但整個團隊會因此貶低你。

法則10

準備好進行整頓

現在你有三個選擇：忍受、改變、終止。

假設你有一支管弦樂團，你讓他們開始演奏，你聽到了一些不對勁的地方。沒錯，那位長笛手走調了，好像在演奏完全不同的曲目。此時，你有三個選擇：

- 忍受
- 改變
- 終止

我們來看看這三種選擇，因爲無論是在人際關係、生活、工作，甚至是爲人父母，這三個選擇幾乎適用於每一個情況。

首先，你選擇忍受，這會讓整個樂團的演奏聽起來平淡無奇、走調，無法眞正發揮應有的效果——爲大衆帶來美妙悅耳的音樂。你的聽衆（也就是你的目標群體）會選擇不再聆聽，還會指責你這個樂團指揮不稱職（當然他們不會使用這個詞，但我不能使用他們眞正會用的詞），而且他們說得也對。

好，你決定試著改變這個情況。讓長笛手再次接受訓練，送他們去參加一個專門的長笛補習課程。回來時，他們帶著正確的旋律，但決定改吹低音管，因爲他們覺得吹長笛限制了他們的創造力。問題解決了，你成功處理了這個問題。

但是如果訓練報告指出他們的音感不佳，根本不應該進入樂團，而是應該去找個負責消防警報的工作呢？你不能再花費時間讓他們去修習另一門課程，例如換個樂器，讓他們試試演奏三角鐵，結果還是搞砸了。此時，樂團其他成員已經對你失去信心，開始造反了。

第三個選擇就是把他們從團隊中移除，這是果斷而仁慈的做法。他們可以去別的地方發展，或許成爲一名優秀的警報器測試員；而你的樂團認爲你很果斷，知道自己要什麼，並且客觀（你把團隊的整體需求置於個別成員的糟糕表現之上），完全掌控局勢，給你額外加分。

記住了，隨時準備修剪枯枝敗葉、整理雜亂的枝幹和表現不佳的長笛手（以及所有無法勝任工作的團隊成員）。

法則11

盡量放手，試試你的膽量

建立你自己的團隊，並且相信他們能夠自行完成工作。

優秀的管理者——從現在開始指的就是你，知道自己的職責是管理事件、流程、情況和策略，而不是「人」。想像一下，你擁有一座大花園，於是你決定僱用一名園丁。你會管理這個園丁嗎？當然不會。他完全能夠自行管理，不需要你操心。你的工作是管理花園：你決定種什麼、什麼時候種、種在哪裡。園丁就像鏟子或推車，是幫助你打理花園的工具，他們是你用來有效管理花園的資源，但你不需要去「管理」園丁。他們有自己的工作方式，你只要告訴他們你想要什麼，他們就會動手去完成。你負責分派任務，而他們則負責翻土、種植、修剪、維護和除草。其實，植物本身也會「自我管理」——你和園丁都不是真正讓它們生長的人，你們只是負責管理整體環境。園丁是你的得力助手，是幫助你完成目標的重要工具。

因此，讓園丁參與決策，這可以讓你有更多時間專注於長期策略、規劃整體布局、安排季節性種植，坐在樹蔭下一邊悠閒地翻閱種子目錄，一邊喝著沁涼的Pimm's雞尾酒。

站在園丁身後盯著他們修剪樹木、割草除草、整理花圃，這毫無意義。最好的做法是把工作交給他們，然後讓他們去完成。等他們做完後，你再來檢查成果，確保符合你的標準。而且，通常你只需要檢查一次，不用一直盯著他們反覆檢查。

這基本上就是優秀管理的秘訣：交付任務，讓他們自己去做。檢查一兩次，確保他們的做法符合你的要求，然後下次直接放手讓他們去做。逐步讓他們承擔更多職責，你自己則逐漸從「管理人事」轉向「管理流程」。建立你的團隊，然後信任他們，放手讓他們去做。當然，有時這會出現問題：人們可能會偷懶、敷衍了事，或者把事情搞砸——這完全是你的責任，因爲你是管理者，這是你的團隊。沒錯，我是認眞的，這確實完全取決於你。不過別擔心，接下來我們一起看看如何防止這種情況發生，至少不要讓它發生得太頻繁。

法則 12

讓員工犯錯

說給我聽，我會記住一個小時；示範給我看，我會記住一天；讓我自己去做，我會記住一輩子。

有一句古老的諺語是這麼說的：「說給我聽，我會記住一個小時；示範給我看，我會記住一天；讓我自己去做，我會記住一輩子。」這句話很有道理。如果你要讓人們自己去做，那麼一開始他們肯定會做得不夠好。他們會犯錯，而你要允許他們犯錯。

如果你是父母，你一定經歷過這種場景：一個兩歲的孩子堅持要自己倒水喝，結果大部分水都灑在桌子上了。你手裡準備好一塊抹布，因爲你知道：

- 他們一定會把水灑出來
- 最後要收拾的人是你
- 這個「灑出來」的過程很重要，你必須讓他們經歷，因爲只有先經過這個階段，他們才能眞正學會不灑出來

作爲父母，你會小心翼翼地在旁邊守候，隨時準備接住水杯，避免水灑得太多，或是扶住椅子，防止孩子因爲太專注從椅子上摔下來。

我並不是說你的團隊成員像小孩子——呃，其實我是這麼想的，但千萬別告訴他們——如果你希望他們能進步，你就必須學會讓他們經歷「水灑出來」的過程，不過要確保你已經準備好在背後拿著抹布，隨時收拾善後。

每次他們犯錯之後，你不要責備他們，相反地，而是給予鼓勵：「做得好，太棒了，進步神速！」儘量不要讓他們看到你手上的抹布或是你默默收拾善後的動作。

法則13

接受人們的局限

如果大家都一模一樣，就無法真正成為一個有效團隊，因為要麼全都是領導者，要麼全都是追隨者。

正如我們之前所說，要讓一個團隊眞正融合，你需要不同的成員，也就是團隊成員的不同能力。我們每個人都是某些方面很擅長，但在某些方面則不那麼在行。如果我們大家都一模一樣，就無法眞正成爲一個有效團隊，因爲要麼全都是領導者，要麼全都是追隨者，而實際上你需要的是一個組合，而不是二者取一。

所以，如果你的團隊中有一些成員不是領導型，或者不是追隨者，你必須接受這一點；若是有些人擅長整理數字，而另一些人不擅長，你也得接受；如果有些人能獨立完成工作，而有些人需要更多指導，你同樣要接受。

要做到接受這些差異，你必須非常了解你的員工，你必須知道他們的長處與短處、優勢與不足。如果你對此一無所知（當然，我相信這不會發生在你身上），那麼你將不斷地試圖把圓釘塞進方孔，或把方釘塞進圓孔。

你必須接受一件事：不是每個人都像你一樣聰明、果斷、雄心勃勃、機智或充滿動力——這是我對你的讚美，不過請先看看下一條法則。有些團隊成員可能眞的從腳底到頭頂都沒什麼腦袋可言，而如果完全沒有希望，你可能需要先實踐法則10再考慮法則13。但別急著下結論，你可能不需要一個天才團隊（事實上，如果你僱用了能力超過職位需求的人，他們很快就會離開）。

假設你的團隊裡有機器操作員或行政助理，你不需要這些優秀員工擁有愛因斯坦級別的頭腦，也不需要他們在腦力激盪時反應超快。但你確實需要他們能夠長時間坐在讓人屁股發麻的位置上，集中精神在一個可能會讓你我抓狂的工作，所以不要期待他們能發揮創意，帶來嶄新的點子、創新或技術突破。你必須接受並學會欣賞他們的局限，因爲這些局限是你能夠從他們身上獲得最佳表現的標準。同時，趁機檢查一下你自己的局限性吧。什麼？你覺得自己完全沒有？得了吧。

法則14

鼓勵員工

在他們行動之前，先告訴他們「你一定會做得很好」。

如果你不讓團隊知道你對他們感到滿意，他們的熱情就會枯萎。人們來工作有各式各樣的原因，而大多數原因與錢無關，儘管他們嘴上可能不是這麼說，但在他們內心那份未說出口的優先清單上，排在最前面的極可能是「來自老闆的讚賞」，這位老闆就是你。

他們可能會稱之為「認可」、「肯定」或「覺得自己做得很好」，但他們如何知道自己表現得好呢？因爲是由你告訴他們的。

你可以選擇事後給予讚賞，也就是在他們表現出色後再表揚他們。或者，你可以事先主動鼓勵，在他們開始做之前就告訴他們：「你一定會做得很好。」爲何要這樣做？因爲如果你提前給予肯定，他們成功的機率就會大大提升。他們不會想讓你失望，更不想讓自己失望。

成爲管理者對極簡主義者來說是夢想成眞。你希望用最少的資源打造一個優秀團隊。讚美是免費的，它可以無限補充，永遠不會用盡，幾乎百分之百有效，極其簡單，且完全不耗費時間。

那麼，爲何有如此多管理者不願意這麼做呢？因爲這需要自信。你必須內心足夠穩定，對自己感覺良好，才能做到提前給予讚美。如果你對自己沒有信心，你也會懷疑他們。如果你懷疑他們，你就不會去讚美，因爲你認爲他們肯定會搞砸。

要說出「你一定能辦到，你會做得很好」這樣的話，其實不需要特別技巧，只需要一點勇氣。你給別人的責任越多，信任越深，讚美和鼓勵越多，他們回報給你的也會越多。讚美不花一分錢，卻能帶來豐厚的回報，所以「鼓勵」應該是理所當然的。

請務必保持眞誠。如果他們自己知道表現不佳，而你卻說他們做得太棒了，這只會貶低讚美的價值。具體指出是哪些部分做得好會更有幫助，例如：「你處理客戶的方式非常好，他們甚至爲訂單遺失向你道謝。」比起聽到一般的「做得好，表現不錯」，他們會更珍視這種具體的評價。

你要營造出彼此鼓勵的氛圍：「你可以做到的！」這句話應該要每天出現在你的周遭。如果你自己都不說，你的團隊很可能也不會說。鼓勵那些表現好的員工去幫助表現稍遜的同事。在任何優秀的團隊中，應該要積極推動並讚揚相互幫助的精神。畢竟大家是一個團隊，要麼一起沉，要麼一起游。

法則15

要擅長找到合適的人才

你必須擅長找到合適的人來勝任合適的職位，然後放手讓他們去發揮。

你必須擅長找到合適的人來勝任合適的職位，然後放手讓他們去發揮。我知道這條法則需要某種直覺判斷，我相信你明白我說的是哪種管理者：他們總是能找到能幹且稱職的員工，然後他們只需要坐在一旁，靜靜地看著團隊成員朝目標邁進。你也可以做到這一點，這是種特殊技能，但它是可以培養的。我認為這項技能的關鍵在於：既能挑選合適的人，也能學會放手，讓他們自由發揮。想要擁有這項技能，你必須有足夠的信任感——信任他們的能力，也信任自己的判斷。

你必須非常清楚自己在尋找怎樣的人來勝任怎樣的職位，這和你在尋找怎樣的技能同等重要。例如，你可能需要一位資深客戶經理，這是「你在尋找的職位」，但適合的人選是誰呢？是擅長團隊合作的人？還是能全方位表現的人？能夠快速決策的人？擅長提前規劃的人？熟悉產業特性的人？精通電子表格的人？還是能夠與脾氣火爆的工會打交道的人？

我相信你明白我的意思。如果你對「誰」以及「什麼職位」都有清晰的認識，你就能逐漸成爲那種總是可以找到合適人才的管理者，彷彿擁有一種神奇的天賦。當然這並不是眞的「天賦」，而是透過規劃、遠見、邏輯和踏實的工作來實現的。

我曾經犯過一個錯誤，完全被一位經理的資歷所吸引，當時我擔任總經理，正在尋找一位經理，但我沒有深入地考察他這個人，只關注於他的資歷。沒錯，他的資歷非常出色，工作能力也很強，但他不是一個適合團隊合作的人，他將一切視爲競爭，認爲是他與其他經理之間的競爭。這本身沒什麼問題，但對我和其他經理來說，這種做法完全行不通，因爲我們所有人都希望彼此攜手合作。這是我沒能成功找到合適人選的一次經驗，我挑錯了人，最後花費很大力氣才擺脫這個困境。這完全是我的錯，因爲我當時沒有充分思考自己到底眞正需要的是什麼樣的人。

如果你不擅長這件事，或認爲自己還有改進的空間，可以邀請一位你尊重的人一起參與面試，爲你提供另一種觀點。例如找一位導師或教練來幫助你確認你需要的是怎樣的員工。

法則16

僱用有潛力的人才

好好想想吧，這些人無論有沒有你，他們都會登上頂峰。

你知道有多少家出版社曾經拒絕過威廉．高汀（William Golding）的《蒼蠅王》（*Lord of the Flies*）嗎？我聽過各種不同的說法，但不管怎麼算，至少有十幾家出版社拒絕了這本書。那麼，最終決定簽下這位作者的出版社說明了什麼？對大多數人來說，這代表他們比拒絕這本書的出版社聰明太多了。

每一位極其成功的管理者都曾經是剛從學校或大學畢業的新人，等待有人能發掘他們的才能並給予他們一份工作；也曾經是尋求晉升的基層管理者，或者是希望自己能夠被選中負責新專案、新部門或新業務的中階管理者。

這些人就是你想要招攬加入團隊的人：有潛力、準備好迎接挑戰的生力軍。別過度糾結於經驗，只要有時間，誰都能累積經驗。但眞正的才能、智慧和幹勁是無法偽裝的。當你找到這樣的人時，馬上給他們工作機會，其他細節可以後續再考慮。我說的不是僅僅有熱情，可惜的是，很多沒有才能的人也充滿熱情，我指的是眞正有能力，以及對他們將要處理的問題有深刻理解的人。

當然，這些有才能的人最終可能會比你更出色。他們可能會迅速攀登職涯階梯，甚至後來居上，把你遠遠拋在後面。這對某些人來說是個大問題，讓他們十分擔憂與焦慮，但對一個遵循本書法則的管理者來說卻不是問題，因爲遵循管理法則的人都會明白，這件事只會爲自己帶來光彩，讓自己的聲譽更加閃耀。就像當年簽下威廉·高汀的那家出版社，他們的選擇最終證明是無比正確的。

好好想想吧，這些人無論有沒有你，他們都會登上頂峰。而你是那個獨具慧眼看到他們潛力並敢於僱用他們、幫助他們走向成功的人，這不是更好嗎？

一旦你開始建立自己的團隊，成員的素質與表現，比任何事情都更能說明你是一個怎樣的管理者。團隊越出色，人們對你的評價就會越高。說實話，有些頂尖管理者甚至會告訴你：他們唯一眞正擅長的就是聘用比自己更聰明的人。他們可能會用自嘲的語氣說這句話，但事實上，這確實是你達到頂峰的關鍵技能之一。知道該僱用誰，然後放手讓他們發揮，除了提供他們必要的資源外，不去過度干涉。這不會讓你變成一個糟糕的管理者，反而會讓你成爲頂尖的管理者，因爲你的團隊將憑藉你的識才之能遠遠超越其他團隊。

法則 17

承擔責任

把錯誤歸咎於你的團隊很容易，但這行不通。

抱歉，如果團隊搞砸了，那完全是你的責任；如果團隊表現得很好，功勞全歸他們。一位優秀的管理者永遠會承擔責任。我知道將錯誤歸咎於團隊是件容易的事，但這是行不通的。你是領導者、管理者、老闆。如果工作出了問題，你就必須站出來承擔責任。

說「我們沒有達成目標，因爲……」很容易，但你應該說「我沒有達成目標，因爲……」，而且「因爲」後面必須接「我」，而不是「他們」。

舉個例子，「我們沒有達成目標，因爲年輕的布萊恩不小心得罪了X客戶，結果他們終止合作，導致我們的營業額下滑。」這樣說很容易，但誰讓年輕的布萊恩負責如此重要的客戶？是你。是誰安排了這筆交易？是你。所以一切都歸結於你。

如果你在困難時刻勇於承擔責任，相信我，你的團隊會爲你拼命。沒有什麼比一個願意站出來說「我負責」的老闆更能激發員工的忠誠。

但我也知道這很難做到，非常難。這需要自信、勇氣、信任（相信自己不會因此被解僱或受到處分），以及一定的成熟度。

你可能會擔心這樣對你不利，顯得你不稱職，但事實正好相反。如果你的上司看到你站出來說：「我們失去了這個合約，我承擔責任——這是我們正在採取的措施，以確保這種情況不再發生。」他們不會把你看作失敗者，而會把你視爲未來的董事會成員。

法則18

當團隊應該得到表揚時，將功勞歸於他們

沒有這個團隊的話，你手上可能只有垃圾可以責。

就像你必須在需要時挺身承擔責任一樣，當事情進展順利時，你也必須將讚美和功勞都歸於團隊。如果你成功爭取到X客戶的大筆訂單，全靠你熬夜趕工、動用以前工作中的人脈，還因爲你擁有競爭對手不知道的一些內幕，那麼你應該說：「這是團隊的功勞。」

承擔責任確實會激發極大的忠誠度，而將功勞歸於團隊也能產生相同效果。你必須公開地、大聲地、眞誠地說出對團隊的讚美，這非常重要。千萬別用帶有暗示

的語氣說「是我的團隊做到的」，彷彿你在讚揚團隊的同時又確保大家知道眞正的功臣是你。根本沒必要強調「這是你的團隊」，因爲大家都知道這一點，無需再提。你可以說：「他們表現得很棒，是個了不起的團隊，我非常幸運擁有如此的團隊。」這句話聽起來像是在說你與此無關，但所有人都知道這是你的團隊，而你是他們的領導者。結果呢？團隊會更加愛戴你，而其他人則會認爲你謙遜低調且不居功自傲。幹得漂亮！

我知道這一切都需要勇氣和極大的自信。你努力工作，卻要把功勞讓出去對你不公平。我明白你很想站出來大喊：「聽著！是我做的，全都是我一個人搞定的，好嗎？」但你不能這麼做。

事實是，你並不是一個人在戰鬥，無論你多麼堅信自己獨自完成一切。如果你負責銷售，那麼在業績的背後，是整個團隊打造出你正在銷售的產品。沒有這個團隊的話，你根本無貨可賣。所以你應該對團隊說：「這個產品太棒了，賣出去簡直輕而易舉，你們做得太好了！」團隊會因爲你的肯定而充滿自豪感，並且加倍努力。

法則19

為你的團隊爭取最好的資源

為你的團隊爭取最好的資源，最最最好的資源，然後放手讓他們去完成工作。

如果你的團隊是讓你獲得更大榮耀的工具，那麼他們所使用的資源就是幫助他們（也就是幫助你）繼續前進的工具。太多的管理者認為，削減團隊的資源可以為自己贏得某種控管績效，好像能積攢什麼額外的功勞，但這些功勞到底能用在哪裡？天堂嗎？我可不這麼認為。你必須為你的團隊爭取最好的資源，剝奪團隊資源就是剝奪他們大放異彩的機會，等於切斷他們助你登上更高峰的動力。

我見過很多管理者會說：「哦，這個作業系統還能再撐幾年，將就用吧。」或者「如果公務手機換成新款iPhone，他們八成整天拿來打遊戲，我還是先拖一拖，省點錢。」我甚至聽過有人說：「我盡量控制他們的需求，以免資源使用失控。」

拜託，爲你的團隊爭取最好的資源，最最最好的資源，然後放手讓他們去完成工作，而他們的工作就是協助你表現出色。

如果你的團隊需要技術支援，想辦法爭取弄來，哪怕你得費盡千辛萬苦。如果他們需要更多人手、更大更好的機器、更高品質的工具——去幫他們爭取。不管他們需要什麼來讓工作更有效率、更快速、更優質、更便利、更具生產力、更便宜，無論是什麼——去爭取拿到。如果這需要你去據理力爭、流血流汗、懇求、乞求，甚至打破預算限制——就去做，現在馬上立刻去做！

如果你一直讓團隊處於資源短缺的狀態，那麼就不能指望他們(a)全力以赴，或(b)保持積極。他們會和其他人聊天交流，你知道的，像是公司內部的同事或其他組織的朋友。他們會知道自己被削減了資源，並因此感到不滿，會對你心生怨懟，工作效率也會降低。結果就是：你這位管理者將無法表現出色、脫穎而出。所以，爲他們爭取你能提供的最好資源。

法則 20

慶祝

為什麼我不該獎勵他們呢？即便我們失敗了，但並不代表我們沒有努力過。

我每天都會找個理由獎勵我的員工，哪怕只是微不足道的小成就，我都會進行簡單的慶祝。如果你也這樣做，你的團隊會更有動力，並因此養成習慣。

將每一次成功都視爲值得慶祝的事。這一點非常重要。

至於獎勵是什麼？其實很簡單，都是很小的東西。例如一盒甜甜圈，多加一點奶泡的卡布奇諾，或者讓他們有機會到戶外去晒晒太陽。

有時我會宣布今天是個特別的日子，因爲我們剛剛獲得了某個成果，然後我帶他們出去吃午餐，讓他們提前休息，或者聽他們講自己最搞笑的笑話——當然，不會同時做所有這些事，得有點節制。

有時候，即便我們沒能成功拿到一份訂單，我同樣會宣布今天是個特別的日子。我會獎勵錯誤、失敗、意外和失誤。爲什麼呢？因爲他們已經拼盡全力，竭盡所能，賣力付出，甚至連祖產都快賣掉了，流汗流血。所以爲什麼我不該獎勵他們呢？即便我們失敗了，但並不代表我們沒有努力過。我獎勵的是他們的努力，我慶祝的是我們所做對的一切——付出的努力、奮鬥的過程、堅持不懈的精神、團隊合作的力量、鬥志和誠懇踏實的勞力。

別只慶祝大勝利，所有的小成功也値得慶祝，當然，規模可以小一點，但總得有點慶祝的儀式感。說眞的，任何理由都可以拿來當成喝杯咖啡的藉口，再吃一袋甜甜圈（如果他們喜歡的話也可以換成蘋果）。這些花費微乎其微，但帶來的溫暖與凝聚力遠遠超過任何成本。

法則21

記錄你做過和說過的每件事

優秀的管理者都會保留完整訊息。

這麼做的用意何在？難道是想搞些見不得人的勾當嗎？當然不是，恰恰相反，作爲優秀的管理者，你需要掌握更多資訊。爲什麼？原因有兩點。

首先，一致性。你需要保存所有的記錄，因爲你會經常需要回頭查閱。「我之前是怎麼做的？」這類問題會不斷冒出來。你的團隊會期望你維持一貫作風，而如果你不記得上次是怎麼做的，那就有點麻煩了。

舉個例子，如果吉姆之前簽下一筆大合約，你請他吃了一頓豐盛的午餐，這次泰瑞簽下一筆類似的交易，你卻只請她喝杯咖啡、吃個貝果，那麼她可能會不開心，下次不會再全力以赴。所以，記下每件事，隨時回顧查閱。同樣，如果你告訴

X客戶他們拿到的條件和Y客戶一樣，但他們後來發現事實並非如此，那麼X客戶很可能會選擇去和別人做生意。「保持一致性」很重要。

第二，證據。作爲一個優秀的管理者，甚至是頂尖的管理者，難免會引來他人的嫉妒、不滿和猜疑——不是每個人都和你一樣坦白眞誠。

如果你的團隊全力以赴，付出超過一一〇%，而另一位管理者的團隊只做到六〇%，那位管理者很可能不會反思自己的問題，反而會懷疑你是不是要了什麼小手段。此時，你能拿出證據證明成功的專案是如何推動的，或者證明你承諾的目標都確實完成，這方法非常有用。

決策需要記錄、備忘錄和簡訊需要存檔、電子郵件要保留、會議需要記錄和整理，報告也要提交。總之，把一切都記錄下來。所有的電子郵件都應該保存下來，這並不麻煩，因爲現在的電腦儲存空間極其龐大，就算保存所有曾發出的郵件，最多也不過占據一點點數位空間而已。

法則22

留意團隊間的緊張氣氛

絕對不能讓人認為你偏袒任何一方，而要讓人覺得你採取了果斷且迅速的行動。

當你帶領團隊時，你所面對的是人，而有時候人們就是會互看不順眼。爲什麼？誰知道，但就是會發生。他們會侵犯彼此的空間、搶對方的餅乾、霸占對方的車位。誰先挑起的？根本無從查起。然而你可以放任不管嗎？當然不行，這種事情一定要在苗頭剛冒出來時就立刻處理。

你得在摩擦產生之前就能敏銳察覺到衝突，然後採取行動，千萬別讓這種事情多拖一天。要做到這一點，你必須非常敏銳，對團隊成員有很深的了解，才能迅速察覺早期的預警信號。

如果你沒有趁早處理，摩擦就會變成大問題：從一開始的雞毛蒜皮小事，演變成全面戰爭，而其他成員也會被捲進來，選邊站隊。

對此你該留意什麼呢？人們該說話的時候卻沉默了；奇怪的抱怨：「天啊，我眞希望克雷爾別再跟我嘮叨個沒完。」牢騷和流言蜚語；毫無必要的激烈競爭；突然出現「劃清界線」的行爲，例如用盆栽來隔開座位，用書或電腦擋住桌面，試圖隔開彼此；同事間的活動某些人被排除在外；有人無法加入辦公室的幽默話題。

我相信你對這些情況的了解不亞於我，也會隨時保持眼觀四處、耳聽八方，重點就是在問題惡化之前解決它。在這種情況下，你得當個外交官、家長、政治家和裁判的角色。

你絕對不能讓人認爲你偏袒任何一方，你必須讓人覺得你採取了果斷且迅速的行動，並且告知團隊中不容許鬥爭。把有摩擦的人找來，和他們講道理；若有必要，將他們分開、調組、保持距離；或者，把他們搭配成一組一起工作。解決方法有很多，我相信你會在正確的時機選擇出最合適的方式。

法則23

營造良好的工作氛圍

沒有員工，你什麼都不是，有了他們，你就擁有一個團隊。

營造良好的工作氛圍不僅簡單，還是必須的。如果你的員工情緒低落、沮喪、憤世嫉俗，這都會產生明顯的影響，像是反應在他們的工作、對待客戶和同事的態度、彼此的相處方式，更重要的是，會影響他們如何與你共事、如何爲你工作。

禮貌地說「早安」並真心地問候，這根本不費吹灰之力；在開會時確保大家都有拿到咖啡或茶，這也不算什麼麻煩；花一秒鐘問一句：「今天好嗎？」同樣不是難事。任何職場營造好氛圍的三個基本法則是：

・禮貌
・親切
・善意

我們都遇過會大吼大叫、粗魯無禮、咄咄逼人的管理者，但他們像恐龍一樣，正逐漸被淘汰，我們不要再被這種管理方式困住和影響，該往前走了。記住，每個人都有權享有：

・尊重
・文明對待
・尊嚴

如果你無法給予他們這些基本的對待，你就不應該做管理者，但我相信你可以做到。營造良好的工作氛圍其實很簡單，關鍵在於由上而下帶動傳遞。作爲管理者，保持愉快、體貼、禮貌和樂於助人，這是你的工作，也是你的責任。你的團隊是你最重要的資源之一，他們是前往目標的工具，也是你的「成功利器」，沒有他們，你什麼都不是，有了他們，你就擁有一個團隊。善待他們，不要「濫用」他們，眞心關心他們以及他們的生活。如果你覺得沒時間做這些，就設法挪出時間。

我想我在找的詞是「禮遇」，我承認這是一個有些老派的概念，但它確實能讓不可能的事變可能，讓大門爲你敞開，讓員工願意去做他們原本拒絕的工作。

法則 24

激發忠誠與團隊精神

你與團隊相處的時間可能比見家人的時間還多。

如果你們一起工作，很可能你見到團隊成員的時間，比見到家人的時間還多，同樣地，你的團隊成員見到你的時間也比見他們自己家人還多。如果真是如此，你們最好能相處融洽。雖然你們不需要彼此相愛，但你們必須像一家人。要做到這點，最佳方法就是激發忠誠與團隊精神。作爲管理者，你得成爲這個「家庭」的領頭羊，要贏得尊重、成爲榜樣、值得人們信任和依賴。

是不是覺得聽起來要求不低？然而這並不難做到，你只需要：

• 獎勵他們

- 讚美他們
- 善待他們
- 信任他們
- 鞭策他們
- 帶領他們
- 鼓舞他們
- 培養他們
- 眞心關心他們

這些道理說起來簡單，做起來可不容易。你可能會匆匆瀏覽過這些技巧，心想「是是是，我都有做到」。現在花點時間回過頭認眞思考每一項，你眞的有做到嗎？能做得更好嗎？你確定自己不是「以爲做到了」，但其實根本沒做到？「以爲自己有做」和「眞正有做」之間的差距可大了。找一個能誠實回饋給你的人，最好是你的團隊成員，或者是能看到你和團隊互動的人。問問他們覺得你做得如何？

我曾經和另一家公司競爭，他們的團隊裡有個成員和我的員工約翰住在一起。

她將他們經理的所有計畫、數字、業績、升遷安排等等都告訴我的員工約翰，所以我每次都能打敗他們。爲什麼她沒有把我公司的消息告訴她的經理呢？明明她和約翰經常聊工作的事。原因很簡單：她不喜歡她公司的經理；這完全是那位經理的錯，因爲他對團隊粗魯無禮、愛罵人、不合作、沒好臉色。相對地，我是個「好好先生」嗎？絕對不是。我很嚴格，公事公辦，但我一向尊重自己的團隊。

其實我不用做太多，因爲我的競爭對手做錯的事已經足夠讓我看起來很不錯。

法則25

表現出你對團隊的信任

放手讓他們自行處理工作，如此才能展現出你對他們的信任。

你應該有一臺電腦吧，電腦偶爾會當機，這是意料之中的事；你還有一臺車，車子偶爾會出點問題，就算只是輪胎被尖銳物扎到，這也是正常的。可是，你會對它們心存警惕、隨時防備它們「拖你後腿」、緊盯著它們會不會故障嗎？當然不會，所以別再盯著你的員工了，他們是幫你完成工作的「工具」，偶爾會犯錯或當機，這都可以接受（參閱法則13），而且你也應該允許他們犯錯（參閱法則12），畢竟我們管理的不是人，而是工作流程。

如果你能做到信任你的員工，你就必須讓他們明確知道這一點——信任不僅要存在，還必須能夠讓人感受到。有時候，你甚至需要刻意表現出完全放手，讓他們自己去完成工作。

你可以藉由「退後一步」來展現出你的信任，讓他們自行去處理工作。別再老是湊過去偷瞄、每隔幾分鐘就查看，或者他們一發出聲響、一咳嗽就緊張兮兮地抬頭看。放鬆心情，讓他們好好做事。當然，你仍然可以要求他們在一天或一週結束後報告進度，並鼓勵他們隨時找你討論問題。只要讓他們清楚知道：你信任他們能勝任這份工作，同時你也會隨時提供支援和指導。

但是你可能會問，如果我真的不信任他們呢？如果我覺得他們就是一群懶惰、不可靠、很愛拖延的人，怎麼辦？嗯，問題來了：這是誰的團隊？是誰僱用、訓練、留下這麼一群「猴子」？

抱歉，我說得有點直接，但有時候得面對現實。如果你無法信任自己的團隊，可能需要反思一下自己的管理能力，或是繼續閱讀這本書，找找改進的方向。優秀的團隊管理者（也就是你）必須帶領出一個出色的團隊，如果團隊表現不佳，就得檢討領導力（別讓你自己變成如此）；如果你的團隊做事正確無誤，你就應該信任他們。要是你眞的認爲這個團隊完全無法信任（你眞的能確定嗎？），這個團隊可能就需要做出改變。

法則26

尊重個別差異

正是每個人的個別差異讓一個優秀的團隊能夠高效地合作。

我有幾個孩子，我希望他們能像一個團隊，然而我很清楚地知道，他們每個人都完全不同，如果我對他們一視同仁，套用一樣的規則（除了紀律上的規則），那我恐怕會面臨家庭革命或亂成一團的局面。舉個例子，其中一個孩子（我不說名字，但他們肯定知道我在說誰），我們永遠都沒辦法催促他，無論什麼情況，如果我們硬逼他，他就會「罷工」，動也不動；想讓他快起來，就得循循善誘、引導、吸引他的注意力。另一個孩子則需要我們不斷地幫助他「踩煞車」，放慢他的速度。我必須尊重並順應他們的個別差異，這是我不得不做的。

你的團隊也是如此，當中有些人可以被催促，有些則不能；有些人需要加快速度，有些人需要放慢步伐；有些人早上笑臉迎人，有些人則是最好別在早上去打擾；有些人對科技特別擅長，有些人可能完全摸不著頭腦。回想一下在法則2提到的貝爾賓理論，每個團隊成員都能提供獨特的價值，正是這些個別差異讓你的團隊變得出色。

就像我的孩子，如果我需要迅速完成某件事，我知道該找誰幫忙；如果我需要一個更慢、更有條理的處理方式，我會選擇另一個孩子來幫我。

尊重個別差異不代表你可以讓某些人有特權豁免，依然要遵守紀律規範。重要的是你如何看待這些差異、如何分配任務，以及你對執行任務的方式有什麼期望。我們每個人都不同，感謝老天，如果全世界都是像我這樣的人，會有多可怕啊！正是每個人的個別差異讓一個優秀的團隊能夠高效地合作。

如果你管理的是一個銷售團隊，假設大多數成員都西裝筆挺、談吐流利（就像你一樣），但其中一位成員卻喜歡穿著休閒服裝，和客戶的互動隨和親切、更像閒聊，那麼別給他貼上「不符合公司文化」的標籤，應該用他的業績表現來評價他。如果他達到了業績目標，而且客戶也喜歡他，就讓這份獨特的風格閃耀吧——差異萬歲（vive la différence）。

法則27

聽取他人的想法

和團隊聊一聊，了解他們的回饋、想法和創意。

如果你覺得自己無所不知，那麼你很可能會忙著聽自己說話、自吹自擂，根本沒時間聽別人的意見，但我知道你不會如此的，對吧！每個人不論他們的職位多麼微不足道或工作有多簡單，他們肯定都有一些值得你參考的想法。試著和電梯操作員（即所謂的電梯小姐／先生）、停車場管理員、餐廳店員、清潔人員，或者任何你遇到的人聊一聊。最重要的是，你要聽取團隊成員的意見，因爲他們每天都在實際運用資源、處理產品，他們才是最了解狀況的人。他們處在工作第一線，往往會有好的想法和建議。

當然，你不必事事都徵求他們的意見，但對於重要的事你就得聽聽了：和他們聊一聊，了解他們的回饋、想法和創意。

對此你必須要謹慎，雖然你願意傾聽，但最終負責任的還是你。你可以聆聽，但不代表要照單全收。別讓員工覺得只要他們提出建議，你就一定照做，這樣做會帶來極大的麻煩。你的任務是傾聽、吸收理解，然後根據所聽到的內容、自己的經驗和判斷來做出決定。傾聽之後卻不採納人們的建議，有時會讓他們感到失望：「告訴主管我的想法有什麼用，反正他從來都不會採用的。」

你得在傾聽的過程中讓他們明白，並不是所有建議都會被採納，這樣當你做出完全不同的決策時，他們才不會失望。你可以讓他們感覺到，他們的想法已經融入你的整體策略中。

我遇到的團隊成員，幾乎每一位都能提供有用的建議給主管，像是指出團隊或公司的錯誤有哪些，或者如何可以做得更好。如果你能敞開心胸，問出好問題，並且不帶偏見地傾聽（別打斷他們），這能讓你有別於其他大多數的主管，成爲不一樣的領導者。

法則28

根據每位團隊成員調整你的管理風格

你必須對團隊成員的獨特性保持敏感，並配合他們的特質來工作。

調整風格不代表你必須變成一隻「變色龍」，而是要對團隊成員的個性保持敏感度，並配合他們的特質來工作。有的人較爲外向，喜歡在公開場合被讚揚；有些則較爲內向，如果在大庭廣衆下被表揚，恐怕會尷尬得想找個地洞鑽進去，這類人更願意在私下聽到你的稱讚。如此一來，你調整了對待團隊成員的方式，但你的性格、原則和風格都沒有改變。

我有一位非常優秀的員工，工作表現非常出色，但她極度討厭考核評估，恨不得躲起來避開這件事。她完全不喜歡談論自己，幾乎接近「社交恐懼症」了。每次要對她進行半年一次的考核時，我都得徹底改變我的方式，因爲只要她意識到我要開始這個計畫，她便會開始焦慮，甚至驚慌失措。而另一位員工每天早上都會愉快地跟我打招呼：「老闆，我表現得怎麼樣？」他特別喜歡談論自己，巴不得每天都做考核評估，當然了，我不會讓這種事發生。

這兩位員工的工作表現都很好（否則他們也不會在我團隊裡），只是需要以完全不同的方法對待他們。我希望他們能繼續表現良好，因此必須採用不同方式來管理，以充分激發他們的潛能、發揮最佳狀態。

同樣地，有些人喜歡獨立工作，自己創造機會，自己主動解決問題，遇到困難時會主動找你（這是積極主動的「自燃型人才」）；有些人則需要你花更多時間引導他們行動，爲他們設定明確的專案和任務。對於前者，切忌過度管理，他們會抗拒，甚至會被惹惱（很可能因此辭職走人），而對於後者，也別放任不管，否則他們會因爲缺乏明確的工作方向而感到壓力，不會努力工作。請務必考慮每個人的個性，了解他們的需求和激勵他們的方法，對此調整你的管理風格。

法則 29

讓員工覺得自己比你懂更多（即便事實並非如此）

激勵他們不斷學習並渴望知道更多。

這個法則非常簡單，但我敢打賭很少管理者會眞的使用。爲什麼不用呢？這能讓員工感到自己很特別且備受重視。你只需要對他們說：「你比較了解這方面的事情，你覺得怎麼樣？」這個法則的關鍵要點如下：

- 徵求他們的意見
- 聽取他們的想法和觀點

- 賦予他們前所未有的責任，你會驚訝地發現，人們總是願意迎接挑戰
- 與他們討論重要的議題和訊息
- 鼓勵他們提供回饋
- 絕對別把他們當作「普通員工」而忽視

即便你知道自己在某個領域比他們更懂，也要做到這個法則，因爲這會讓他們感覺良好，工作表現也會更好。與你對話時，他們可以從中學到東西，而你也能有所收穫。

在這過程中，帶領他們深入了解整個產業的運作，避免他們局限於某個部門而陷入僵化的思維。你要讓他們看到自己在整體架構中的重要作用，明白自己的貢獻是有價値且有幫助的，而且如果沒有他們，整個運作將會陷入困境。

像對待重要的客戶一樣對待他們，和他們透露一些業界的內幕，像是：「我們的矽晶片採用最新的XP8塗層，而Mathers和Crowley還在使用舊的XP5。不過我想你應該早就知道了。不過這件事可別外傳，因爲正是這個技術讓我們搶先一步，成功拿下去年政府車輛管理部門DVLA的大筆合約。」

讓他們隨時掌握業界的最新發展動態，或許你可以爲他們訂閱業界的電子報、雜誌、技術期刊和研究報告等，讓他們覺得你認爲他們對此感興趣，並且已經具備相當知識，甚至可能比他們實際上懂得還要多。這可以激勵他們不斷學習並渴望知道更多。

法則30

不必事事都要占上風

請記住，你的員工都是成年人，你得給他們足夠的空間做自己。

是的，我知道你是老闆、是主管，而且是非常優秀的，但你不必每次都要占上風，又不是在操場上跟小朋友比賽。

如果你的團隊成員在公開場合表現出和你意見不合，原因可能有兩種：他們對你足夠信任，覺得可以參與討論（在這種情況下你應該感到欣慰）；另一種是他們越界了，而你對紀律的要求不足以制止他們。這可能會是一個警訊，代表某些事情出問題了，也可能恰恰相反，顯示團隊氛圍非常良好，這就要靠你來判斷。

如果是員工越界，涉及到紀律問題，你應該要私下處理，請記住，你的員工都是成年人，你得給他們足夠的空間做自己，這就意味著他們有時會反對、爭論，甚至發點小脾氣。在一個良好的團隊中，大家可以各抒己見，沒人會因此受傷，這是正常的，但在一個管理不善的團隊裡，這種情況就行不通。

並不需要事事都占上風、總是追求正確或糾正員工的每一個小錯誤。有時候，不論他們是對是錯，最好就讓它過去。你要能分辨哪些事情重要到你必須堅持占上風，哪些事情其實無關緊要。

法則31

了解他人的職責

你不需要像團隊成員那樣精通他們的工作，這正是你付錢僱用他們的原因。

我曾經以爲，要成爲一個好的管理者，不僅要能勝任自己的工作（管理），還要會做團隊中每個人的工作。而且說實話，我心裡覺得自己能做得和他們一樣好，甚至更好。我認爲一旦出現緊急情況，我可以隨時替代他們完成工作，確保一切正常運作。我猜你已經看出問題所在：如果我去做他們的工作，誰來做我的工作呢？答案很明顯：沒有人。

關鍵在於對每個職位都有實際了解，知道他們的工作內容，但你不需要親自去做這些工作。當然了，確實需要在緊急情況下有替補人員，但那個人不該是你。你最應該做的就是留在你目前的位置上：專注做好管理。

要了解團隊裡的每個職責，最好的方式就是弄清楚它能解決什麼問題以及如何運作，但你不需要比你的員工更會做他們的工作，畢竟這是公司付錢僱用他們的原因。有句話說：「養狗就別自己學狗叫。」你只需要知道看門狗的職責是什麼，但不必親自去咬闖空門的小偷來體驗這份工作的重要價值。

而且，有時候會僱用專業人才來負責高專業技術的工作，以至於你根本無從下手學習。你或許是發電廠的管理者，但你並不需要知道如何計算鈽的保存期限。不過，你必須確保自己僱用了能勝任這項工作的專業人士。

讓整個團隊對彼此的職責都有一定的了解也很重要，這有助於加強團隊合作和忠誠度。

法則32

確保每個人都清楚知道自己的工作職責

從一開始就讓他們清楚知道你對他們的期望。

把工作指導手冊和合約交給員工，然後指望他自動把事情做好，聽起來很簡單，但麻煩的是，這麼做往往會讓人不知所措、浪費時間。最好一開始就讓他們清楚知道對他們的期望／要求是什麼。

那麼，你對他們的期望究竟是什麼呢？其實遠不止他們的工作內容而已，你要仔細考慮每個人的角色，並清楚傳達對他們的具體期望。

讓員工了解自己在整體策略中扮演的角色，以及由此需要承擔的責任，這一點非常重要。同時要讓他們了解團隊和公司的價值觀與標準，以及對他們在態度和行為上的表現有何期望（開放？誠實？富有創意？有同理心？具備行動力？）。此外，他們還需要對各種要求有所認識，包括情緒管理、準時、加班規範、與同事的相處方式、危機處理等，所有這些他們都應該要清楚明確。

對於新員工來說，如果公司有為新人安排一位資深同事指導他們熟悉工作流程，這將有很大的幫助。對了，還有關於職場人際關係的指導原則，你必須讓每個人清楚知道在各種情境下應該遵守的規範，這才是公平的，如果你從未明確指出某些行為是不被允許的，就不能事後才去責備員工，例如你發現有人在公司儲藏室裡親熱而責罵他們，然後他們回你說：「可是我在之前的公司一直這麼做，也沒人投訴過啊！」

法則33

設定明確的期望

如果一件事在星期一上午十點是不能被接受的，那麼它在星期五下午四點也不應該被接受。

我曾經和一位情緒起伏很大的經理共事過。當她心情輕鬆時，整個團隊既有效率又充滿歡樂，偶爾的玩樂能提升大家的士氣，她對適度的娛樂並不介意，但是當她壓力大時，就算只是笑得大聲一點，都可能被她罵得狗血淋頭。

正如我所說，她有時候確實很放鬆，但她的團隊卻從來無法真正放鬆。他們完全不知道她當天的心情如何，因此總是繃緊神經。她會接受一份內容完整但格式雜亂的報告，還是寧願等到明天，要求調整做到完美？某個流程的文件是否可以簡單帶過，還是需要填寫三份、確保每個細節都無可挑剔？真的很難說，全看她當天起床時是哪種心情。

那麼，她的團隊是如何應對的呢？如果你曾經為這樣的管理者工作過，你肯定知道答案：他們士氣低落，工作品質極不穩定。這並不奇怪，因為他們的主管本身對標準的要求也是忽高忽低。

你看，如果你的團隊不知道你對他們的期望是什麼，他們怎麼可能努力去達到呢？他們依靠你來指引方向，如果你沒有設定明確標準，他們根本無從得知該往哪裡走，也不清楚應該如何達成目標。你必須對你「設定的目標」和「期望員工的表現」兩者標準保持一致。如果一件事在星期一上午十點是不能被接受的，那麼它在星期五下午四點也不應該被接受；如果某個文件應該按照特定方式填寫，那麼每一天都應該按照這種方式來完成。

在已經有基本標準情況下，沒有理由就突然提高要求，這聽起來很不合理，事實的確如此，但若因為你心情好就允許團隊降低標準、敷衍了事，同樣是不公平的。這並不是在對他們好，反而會讓他們感到困惑，使你的團隊無法持續維持高水準的工作表現。如果上週某位同事被要求提交一份完美的報告，而另一個人卻能隨便交付一份草率的報告，這公平嗎？要想維持團隊的士氣，並確保團隊穩定發揮出色表現，唯一方法就是你必須始終如一地執行你設定的標準。如果你下週問我，我還是會告訴你同樣的話。

法則34

運用正向激勵

當你讚揚別人時，要簡單明瞭。

如果你的團隊成員表現良好，就告訴他們，然後再告訴他們一次，甚至再多次提出，持續下去。把讚美寫下來，做成備忘錄發給他們，讓他們可以保存起來。把這件事放在公司內部期刊裡，或者在他們的人事檔案中加上備註，不論你用什麼方式，都要讓大家知道他們的表現出色。這是一種快速且低成本（這點很重要，畢竟你的預算有限）的方法來表揚和激勵團隊（當然也包括個別成員），這也能讓所有人明白，你不僅在關注團隊表現，還在積極表揚與激勵他們。

在表揚時，用詞要簡單明瞭。如果他們爲了完成特殊工作而加班，就要這麼說：「謝謝你加班完成，我們眞的少不了你。在困難情況下，你的積極反應讓大家的工作（尤其是我的）變得輕鬆許多。謝謝你！」（重申感謝的話語來加強效果）比起說：「在七日晚間，你被臨時指派執行額外的輪班工作，並按照我們的要求完成任務，因此我們特此表示感謝……。」前者要簡單得多。

讓他們知道你為何感謝他們：「你讓我的工作更輕鬆了。」而不只是感謝他們做了什麼：「你額外加班。」

要有親切感，用「我」和「我們」，而不是「管理層」；以自然的方式說「謝謝」；「我要感謝你」比「管理層謹向您表達感謝之意」好太多，誰會這麼說話？

讚揚要及時，在他們工作剛完成時就表達，最遲要在隔天，別拖到一週後。每當有人做了超出他們本職範圍的事情，都應該給予肯定。但是，如果他們每週都被要求加班，這已經是工作常態，我們在此談的是那些「額外的」、「超出常規的」、「願意多付出」的情況。

用這種方式來強化正向行為，幾乎可以確保他們會再次這麼做。如果你忽視、不評論、不表揚，你的團隊很可能就不再願意全力以赴——而且，誰能責怪他們呢？

法則35

別替愚蠢的系統辯解

別試圖蒙蔽員工，讓他們以為一切都很美好。

有一天，我搭火車出門，途中遇到了一個小狀況。事情其實很簡單，有人亂動餐車的安全門，觸發了警報之類的機制，結果導致整列火車停下來，這種設計或許是合理的，不過問題在於，列車剛好停在一條很長的隧道裡，在排除問題之前火車無法繼續行駛，而解決方法不算複雜，就是找到列車長，請他重置被觸發的警報；整個過程其實很簡單。

我當時要趕去參加會議，時間很緊迫，於是問他們是否有更好的處理方式，例如讓餐車乘務員來重置警報，但列車長花了二十分鐘來解釋爲何現行系統處置方式對他、餐車乘務員、鐵路當局都是最好的安排，除了我這位可憐的乘客。其實他直接這樣說就好了：「是啊，這個系統眞糟糕，我會建議改進它，謝謝你的意見。」

我敢說，你的公司裡肯定也有幾個愚蠢的系統——誰沒有呢？最好不要爲它們辯護，如果你無法改變，那就忍耐、繼續工作，但別試圖讓員工覺得這些系統全都很棒。事實並非如此，如果你硬要說服大家系統沒問題，他們只會對你失去信任和尊重。

我並不是說你要到處抱怨公司裡的糟糕事，完全不是，這樣做只會自取滅亡。記住，如果沒什麼好話可說，那最好什麼都別說，而且更重要的是，千萬別試圖爲那些明顯愚蠢的制度辯解，尤其是對你的團隊。

法則36

勇於說：「好，我們試試看。」

如果每個人每週都提出一個新點子，那麼到年底就會累積一大堆新想法。

一位好的管理者（就是你），應該保持開放的思維，不要總是固守舊有的做事方式。這意味著不要習慣性地說：「不，我們不能這麼做。」而應該改爲：「這是個有趣的想法，你覺得這樣做會產生什麼效果？」

此外，不僅你自己要提出新點子，更要鼓勵大家積極發想創新做法。然後嘗試新點子，每週挑選一個新想法，付諸實行。這個點子可能很簡單，像是：「我們能不能在早餐時間多幾種餅乾選擇？」或是非常大膽的變革：「各位注意，我們打算全面改變銷售與配送方式！」

當然，最明智的做法是先從小點子開始，確保你的團隊能適應變化，再慢慢嘗試更大膽的想法；讓他們慢慢適應，循序漸進。

在推動新點子的同時，要鼓勵團隊在他們各自的工作中提出新想法，這樣他們的工作也不會變得枯燥。如果每個人每週都提出一個新點子，那麼到年底你和團隊就會累積一大堆新想法：

「我在想，要是這麼做的話，應該能加快流程。」

「哇，我可以把這個點子調整一下，應用到我的工作上，然後就可能……」

「是啊，我敢打賭財務部會對這個想法很感興趣，因為能加快整個流程……」

最大的挑戰是什麼？讓你的團隊跟上你的腳步，畢竟每個人在面對改變時，一開始都會有些抗拒。如果你先動搖，整個團隊就會跟著鬆懈；如果你保持熱情，整個團隊也會被感染，甚至會對改變上癮。相信我，我知道你已經夠忙了，稍後會討論如何授權，這將幫你騰出更多時間，到時候你就能更專注於這件事，而這其實也是你管理工作的一部分。

鼓勵創新，獎勵好點子。打造一種重視並肯定創意的文化（即使未被採用，也應受到重視）。

法則 37

訓練團隊帶著解決方案來找你

當有人指出問題時，你應該回應：「你希望我怎麼處理？」

員工要抱怨其實非常容易，甚至會變成一種習慣。你必須引導他們不要只會發牢騷。你可以允許抱怨，但必須要求他們在提出問題的同時，也提出解決方案。當有人指出問題時，你應該回應：「你希望我怎麼處理？」如果他們抱怨，你就問：「你覺得我們該怎麼做？」

我共事過的最優秀主管把這件事做得更徹底。他要求我們必須先提出解決方案，然後讓他來猜我們的「問題」是什麼。這有點像一個遊戲，還挺有趣，同時讓我們學會即興思考，讓抱怨變得更有建設性。

當時我正遇到一個關於保全人員的問題，我懷疑他們在沒有查看監視器畫面的情況下，就直接刪除錄影檔案，這可不行。因爲如果發生了什麼事，我得負責。我需要他們仔細查看監視器畫面，但一時想不出解決辦法，而且我不能直接跑去找主管抱怨說他們工作不力。我必須先想出一個可行的解決方案。

然後我突然意識到，根本不需要去找主管，我自己就能解決這個問題。我讓保全人員覺得監視器畫面値得一看。於是，我隨口提到，有人通報某些員工可能在公司內某處偷情，而且監視器可能有拍到，但沒人確定是哪支監視器錄到。當時，公司監視器涵蓋了停車場、辦公室、走廊，甚至地下室的儲藏區。結果，保全人員立刻開始全神貫注地查看監視器影像，彷彿關係到他們的性命一樣。我的主管對此非常滿意，因爲這是我的職責範圍之一，而他早注意到這件事沒有妥善處理，正打算找我談談。所幸我自己找到了解決方案，沒去找主管抱怨：「哦，保全人員都沒在好好做事……」

當然，等保全人員發現並沒有什麼刺激畫面可以看時，我得想出新的解決方案，不過這花了他們很長時間，他們還時不時會回頭查看，以防錯過什麼……。

Part 2 管理你自己

Managing Yourself

以上是管理團隊的基本法則。顯然，大多數管理者都要負責管理一個團隊，但其實所有管理者還要同時管理好自己——也就是你自己。因此，接下來的法則是為你而設，幫助你變得更有效率、更加出色。我知道，光是度過一天已經夠不容易了，更別說還要努力自我提升，相信我，我完全理解。

擔任管理者是一份艱辛的工作，因為永遠都有兩份工作：既要完成自己的工作，還得照顧團隊。而且，職位越高，就離自己原本的工作越遠。最常見的問題是，沒有人會特別培訓我們，讓我們眞正了解這份新工作——管理，究竟包含什麼。當然，我們會參加一些零星的培訓課程，其中有些課程眞的很奇葩，我曾在這類課程中搭建過樂高橋（LEGO®）、倒拼拼圖，甚至參加過獨木舟週末訓練，而這一切都被冠上「管理培訓」的名義，但實際上，沒有人眞正接受過成為管理者的正式訓練。管理這件事基本上是我們在實際工作中一點一點摸索出來的。當然，有少數人天生就是優秀的管理者，但大多數情況下，我們都是一路跌跌撞撞地學習，從這裡得到一點線索，從那裡學到一些教訓，說穿了，管理往往成為一種充滿碰運氣成分的學習過程。

我們學到的很多內容其實都相當顯而易見。接下來要告訴你的就是大家未曾明說的潛規則，是你無法從獨木舟週末訓練中學到的實戰心得。

法則38

努力工作

你必須埋頭苦幹，把事情做完做好。

我得坦白說，管理的根本法則就是把份內工作做好，做得出色，並且全力以赴。即使你在人際管理方面再厲害，但如果連最基本的工作都做不好，那也無濟於事。你可能需要比任何人更早到辦公室，甚至比你以往任何時候都早，但這是必要的，你必須提前進入狀態。

一旦你把自己的工作處理完，你就能專注於管理團隊。文書工作必須有效率並按時完成。我在這裡不是要講授時間管理等長篇培訓課程，但基本上，你必須做到以下幾點：

- 井然有序
- 全心投入
- 極度高效率
- 專注不分心

你沒得選擇，這是必須的，你得埋頭苦幹把事情完成。管理並不是悠哉地發號施令，然後看起來很酷，眞正的管理其實發生在幕後——那些沒人看見的工作。要想在不浪費額外時間的情況下完成工作，你就必須學會那些最基本的組織與規劃技能。

如果你想知道自己現在是不是一位好的管理者，就看看你的辦公桌，來吧，現在就看看。你看到了什麼？整潔有序的工作空間？還是堆滿四處散落的文件和一大堆沒整理的雜物？再看看你的公事包、檔案夾，甚至是電腦。是井然有序，還是一片混亂？

你必須善用手邊的所有工具，確保工作能出色地完成、準時交付。列清單、使用電腦的行事曆提醒功能、委派任務、尋求協助、熬夜加班、提早起床，甚至更早起床。當然，你還要參考法則75：要回家——你也得有生活。但在此之前，務必要完成工作，並學會如何做到高效無比，毫不拖泥帶水。

法則39

設定標準

你必須給團隊一些值得追求的目標。

如果你每天遲到、跟客戶爭吵、不尊重同事，且工作馬虎，那麼你的團隊很可能會一蹶不振，迅速走向崩壞。另一方面，我假設你更有可能是這樣的：你不僅準時到達辦公室，甚至會提早到，工作按時且出色地完成（法則38），以得體、誠實、有禮的態度對人，並充分發揮自己的才能，你的團隊也很可能會一路向上，邁向成功。

每個人都需要一個值得仰望、尊敬並想要效仿的對象，而這個人就是你。我知道，這確實是個艱難的角色。如果你認為英雄早已過時、老派且無用，那你可得再想想，因為你的每位團隊成員都與你有特殊的關係：你是他們的主管、靈感來源、老闆（這詞聽起來讓人發毛，偏偏你現在就是這個人）、導師、指引者、老師、英雄、榜樣、支持者、保護者。要承擔這麼多角色，就意味著你必須以身作則，扮演好角色，制定標準，成爲他們的榜樣。

重點是：如果你都不在乎，他們又怎麼會在乎？你必須在每件事上做好表率。說話前先思考，留意自己的反應。「照我說的做，而不是照我做的做。」這是行不通的。你想看到什麼樣的團隊，就先要成爲那樣的人。

你還需要超越這一點，提高他們的格局。你要讓你的團隊有追求的目標，讓他們渴望成長、提升自己，而這個目標就是你。

理想情況下，你應該具備一些風格、一點魅力，還要帶著一絲與衆不同的創意火花，這會讓你從人群中脫穎而出——在這裡我們說的是像洛琳．白考兒（Lauren Bacall；美國電影明星）和卡萊．葛倫（Cary Grant；英國電影明星），而不是美國搖滾天王肉塊（Meat Loaf）或早期的瑪丹娜。（我無意冒犯，他們都是很棒的搖滾明星榜樣，但作爲管理者的榜樣，恐怕就不太合適。）

你必須展現出主管應有的形象、行爲和態度，有點像方法演技（Method acting）一樣：感受管理者的角色，思考管理者的思維，成爲眞正的管理者。

法則 40

享受你的工作

沒人說你必須一本正經或拘謹嚴肅，你被雇來的唯一目的就是做好你的工作。

我接下來要直說了。如果你不喜歡現在的工作，就離開吧，把位置留給眞正會享受這份工作的人。法則41或許可以幫助你理解整個情境，但目前我們需要讓你重新對自己的工作感到滿意。

享受工作就是從完成出色的任務中獲得成就感，內心充滿喜悅，找到值得開懷的事情，同時不把一切看得過於嚴肅。（這不表示你可以嘲笑別人或是降低你的工作標準。）

享受工作是指：將你的職務和角色放在更大的格局中去看待。你可以努力工作，同時能享受其中——這兩者是可以兼得的。你可以高效、積極主動、勤奮、嚴謹、可靠且負責任，同時樂在其中。這完全取決於你的選擇，沒人說你必須一本正經或拘謹嚴肅。你被雇來的唯一目的就是做好你的工作。

最棒的是，如果你學會在該認眞時保持專注，該放鬆時適度放鬆，並在某些情況下找到幽默感，這將對周圍的人產生神奇的影響。

如果你的工作環境嚴肅且緊繃，那麼我有個小秘密要告訴你：沒人知道你腦子裡在想什麼，眞的，沒有人知道！只要你的外在表現符合他們的要求，你的內心世界可以是你想要的任何模樣。

法則41

別讓工作影響你

別讓工作影響你，這不代表你不在乎或是不為自己的工作感到自豪、享受其中。

如果你覺得壓力太大，請記住，這不過就是一份工作。沒錯，我們確實在乎這份工作，並且努力盡全力做到最好；我們下班後還是會爲工作擔心和思考，我們希望改進、提升成效。

但說到底，它只是一份工作而已。

看看你周圍的人，你會發現有些人認爲自己的工作對地球的運轉至關重要，甚至影響整個星球的福祉，但事實遠非如此。你要盡情享受工作，認眞對待並全力以赴，但請記住，這終究只是一份工作。這份工作可以被替代，你也可以被取代，而世界依然會繼續運轉下去。

如果你的工作壓力大到讓你不開心，那就想想生活中對你更重要的事。你的孩子、你的狗、你的媽媽，或者你週末的滑翔運動。我不知道你下班的時候會做什麼，但找到一件眞正讓你在乎的事，並利用它來幫助你度過工作中的難關，這會讓你發現工作以外更重要的東西。

你甚至可以在腦海裡想著這些重要的事，讓自己更輕鬆地度過一天，前提是你得保證只在不需要集中精力專注於工作時這麼做。用餐休息、走到另一棟樓，甚至上廁所時，都是你可以停下片刻來提醒自己：生活中眞正重要的是什麼。

當然，你也應該花些時間思考爲何工作讓你沮喪，並制定某種改善計畫。你需要減少工時嗎？解決團隊成員之間的積怨？簽下一份重要合約？完成下一個預算？如果是的話，趕快著手去做，然後你就可以重新享受工作了。

別讓工作影響你，並不代表你不在乎，或是不爲自己的工作感到自豪、享受其中。不，它的意思是，你要學會將事情放在合適的背景下思考，這樣你回家後才能徹底放鬆。不要讓工作侵蝕你的內心，使你承受過度的壓力或變得筋疲力盡、情緒崩潰。

法則42

知道自己應該做什麼

你的首要任務是什麼？最終目標是什麼？你自己的目標是什麼？

那麼，你應該做的是什麼？人們很容易以爲自己清楚，但你眞的知道嗎？就像當老闆對你說：「我希望這件事儘快完成。」聽起來很簡單，對吧？其實不然。「儘快」是誰的想法？是你的，還是老闆的？而「希望」代表的是願望還是必須達成的需求？至於「完成」更是有各種不同的解讀空間。

我知道這樣講可能顯得有點挑剔，但這其實是爲了強調一個重點。你知道自己要管理一個團隊，你知道你有預算、數字和目標要達成，你知道你需要有前瞻性策略，並且希望能落實執行，此外，你還有合約和工作職責在身。

但你眞正應該做的是什麼？你的首要任務是什麼？最終目標是什麼？最近有任何變化嗎？（高層管理者有時候會臨時改變主意，還指望你有心靈感應能察覺到。）

我曾經爲一位高層主管工作，他表面上希望我的團隊成功且高效，但卻總是在拖後腿。每當我想做些改變來大幅提高業績時，他總是猶豫不決，遲遲不做出決定。我搞不清楚自己究竟應該做什麼，我想盡力幫他管理好部門，但他卻總是在設置障礙，讓我舉步維艱。

最後，我發現原來他另有盤算；他的親戚負責的另一個部門才是他心目中的「勝利團隊」。我不被允許成爲那個表現出色的人，因爲這個角色早已留給了他年輕的姪子山姆。他希望我失敗，這樣山姆才能顯得優秀。我應該「無能」才符合他的劇本。一旦我掌握了這個訊息，就能明白自己「眞正應該做的事」，我能更有效地應對處理。你必須弄清楚，你眞正應該做的是什麼。

法則43

知道你實際上在做什麼

如果沒有計畫，就等於沒有地圖；沒有地圖，你就永遠找不到寶藏。

那麼，你現在正在做什麼呢？這是一條很重要但往往被忽視的法則。來吧，回答這個問題：「你在做什麼？」

要回答這個問題，你需要制定長期和短期計畫。如果沒有計畫，就等於沒有地圖；沒有地圖，你就永遠找不到寶藏。在電影《神鬼奇航：鬼盜船魔咒》（*Pirates of the Caribbean: The Curse of the Black Pearl*）中，當有人質疑船長是否能只靠兩個人駕船時，傑克．史派羅船長不需要其他答案，他只需要回答一句：「我是傑克．史派羅船長。懂了嗎？」如果你知道自己是誰，知道自己要去哪裡，你就確實像一個目標明確的海盜。

那麼，你是在爲晉升鋪路嗎？還是只是在混日子直到決定下一步該做什麼？倒數計時等著退休？還是蒐集情報，準備跳槽到競爭對手那裡並加以利用？等著獵人頭公司來找你？深入學習產業知識，爲日後的橫向發展做準備？單純享受工作，樂在其中？又或者你在替管理層做「清道夫」，裁減三分之一的員工[2]？還是努力讓高層注意到你？或是你只是想做好本分，確保自己能保持競爭優勢？建立社交圈來獲得樂趣？還是暗地裡竊取點子、資源、人才和設備，準備自立門戶，在同業進行相競爭的業務？（我可是親眼見過這樣做的人，而且他們做得相當成功，因爲他們非常清楚自己在做什麼。）

這些都沒有對錯之分，不過唯一錯誤的答案是：「我根本不知道自己在做什麼。」你必須清楚知道你實際在做什麼——不是你「應該」做什麼，也不是你「想」做什麼，更不是公司認爲你在做什麼，而是你眞正在做什麼。一旦你清楚這一點，你就能創造奇蹟，因爲你擁有隱藏的優勢。可能其他人也知道，也許沒人知道，但重點是你自己知道，這才是最關鍵的。

現在看看你的團隊，告訴我他們每一個人實際上都在做什麼。這是一個很好的練習。

2 我曾認識一家大型工程公司的總經理，他從美國被調來的目的就是裁員，而且員工們也心知肚明。他的第一次全體員工大會迎來了噓聲和抗議聲，但他沒有退縮，他只是說：「我不是你們的敵人，真正的敵人是業務下滑。我不是敵人，所以別對我吼叫。」這句話效果相當好。

法則44

珍惜你的時間

公司對你抱有期望，希望你能高效地運用你的薪資來創造價值，別讓他們失望。

我還是個資歷淺的主管時，有一次參加會議，大家對於是否應該買某臺設備開始了沒完沒了的討論，因爲有些人覺得太貴。我已經針對這個問題發表過自己的看法（其實大家都表達過意見了，只是有些人還是不斷一說再說），於是我索性隨手算了一筆帳，計算一下坐在桌邊的每個人的時薪總和。我大致知道大家的薪水，所以應該估算得挺準確的。有趣的是，我發現光是這半小時的討論，所花費的人力成本幾乎是這臺設備價格的兩倍。

作爲一位遵循法則的管理者，你必須清楚自己的時間價值，並且時時刻刻記在心裡。計算方法很簡單：把你的年薪除以五十二週，再將每週工時除下去，如此就能知道你每小時的價值。不過眞正難的部分是，直到你養成這個習慣前都得時刻提醒自己：我現在正在做的事情，眞的值得花費這些時間嗎？

別忘了，對於許多公司來說，薪資支出往往是最大的開銷，即便不是最大，仍然占據相當可觀的比例。而這筆支出，至少對你自己而言，是你能掌控的。因此，你必須確保自己投入的每一分時間，都是值得的投資。如果不是，你就得毫不猶豫地砍掉那些浪費時間的事情。

浪費你時間的人，他們其實也是在浪費公司的錢，因爲這筆錢本可以讓你用在更有效益的事情上。因此，面對這些人，你必須果斷處理（當然，要保持禮貌，但態度必須堅定）。

同樣地，當你發現自己在拖延、打發時間、閒晃、做無意義的事、和同事閒聊，或是工作效率低落時，你也必須對自己一樣嚴格。公司信任你，期望你能高效地運用他們投入的資金（也就是你的薪資）來創造價值。別辜負他們的信任。

當你的時間被多項任務拉扯時，這會是一項很有用的練習。你應該去開這場會議？還是先完成那份報告？哪一個能帶來更高的投資回報？這個問題的答案，應該能幫助你做出正確的選擇。

法則45

要積極主動，不要被動應對

你要做一條鯊魚，不斷前進。

我知道，我知道，你已經忙得不可開交，光是把工作做完、處理好文件，甚至連澆花的時間都快擠不出來，更別提還要思考未來或成爲創新高手。但聰明的管理者（也就是你），每週會抽出三十分鐘來做未來規劃。試著問自己一些簡單的問題：

「我該如何提升銷售業績？」
「哪些事情可以做得更有效率？」
「怎樣才能降低員工流動率？」

「如何提高潛在顧客的轉換率，讓他們眞正下單？」
「有沒有辦法簡化會計流程？」
「我要如何進入另一個領域？」
「如何讓我的團隊工作更努力、更快速、更靈活？」
「如何鼓勵他們自由發想創意？」
「怎樣開會才能不浪費那麼多時間？」

有句老話說得好：「如果你一直做跟以前一樣的事，你就只能得到跟以前一樣的結果。」這話再眞實不過了。如果你不主動出擊，你就會停滯不前；而一旦你停滯下來，鱷魚就會從後面咬你一口。你必須不斷划水，在水中保持前進。某些鯊魚終其一生都要不停游動，讓水流過鰓，否則就無法存活，因此牠們從不停止。你要做一條鯊魚，不斷前進，因爲如果你停下來，總會有其他人準備好迎頭趕上。

相信我，我知道這是什麼感覺。你打開信件收件匣，裡面有一堆需要處理的郵件，還有文件要處理，接著還有員工問題，再來是午餐時間。下午還有一堆工作要完成，然後還得回覆那些最新的緊急郵件；接著匆匆喝口茶，一轉眼就差不多該收拾東西回家了。此時還有個傢伙在跟你說，你得從滿檔的一天裡抽出三十分鐘來思考未來——做夢吧。

但這三十分鐘其實可以和其他任務結合起來。例如，我每週會有一次獨自用餐的時間，利用這段時間積極思考未來，想辦法比對手領先一步。當然了，這頓飯必須自己吃，否則總會有人來打斷我的思考，讓這場腦內會議泡湯。

法則46

保持一致

如果你平時工作出色，但某天卻交出糟糕的東西，人們就會覺得你搞砸了。

如果你每天都穿著正式的套裝，某天毫無預警地穿牛仔褲和舊T恤出現，周圍的人可能會用異樣眼光斜眼看你。（試試看，挺有趣的。如果你不知道「斜眼看」是怎樣，就試一試。）

如果你平時工作出色，但某天卻交出一堆糟糕的東西，人們會覺得你搞砸了。

如果你一向對待員工彬彬有禮，但某天卻突然暴跳如雷，對大家大吼大叫，他們就再也無法信任你了。

如果你平時總是早到，但某天卻悠哉地中午才出現，還帶著一身酒味，人們就會開始不再把你當回事，甚至懷疑你酗酒。

人們需要知道可以對你有什麼期待，所以你必須保持一致。對待所有員工要一視同仁，工作模式始終如一。你得避免成為八卦的焦點，要做到無可指責，讓人無話可說（這兩者大概可說是同一件事）；你必須誠實、可靠、值得信賴（這幾個詞大概也差不多）。

但你不需要因此變得死板、枯燥乏味、無趣。你可以充滿活力、富有動感、有品味、有冒險精神、創新前衛，甚至挑戰傳統，無論你決定成為什麼樣的人，都要堅持下去，並保持始終如一的風格。

法則47

為自己設定切合實際的目標——是真的要確實可行

這善變的心思，總是讓我們焦慮、折磨我們、甚至捉弄我們。

這裡不是在談論預算或者公司的業績目標，而是在說個人目標、個人願景以及你為自己設定的底線。你必須為自己設立目標，否則你將無法評估自己是否成功。順便說一下，拿自己和別人比較是沒有意義的。我一直想在運動方面有所表現，但我跑不動，成績也慘不忍睹。這總讓我覺得自己是個失敗者。但有一天我發現，原來運動天賦是受基因影響的，而我顯然沒有這種基因。我算是失敗者嗎？不，我只是基因上吃了點虧，這不是我的錯，所以我不必因此苛責自己。我在其他方面表現優秀，因此我衡量成功的標準是：

- 去年我的表現如何
- 五年前我的表現如何
- 依據我自己設定的目標，我的表現如何
- 根據我自己的長期計畫，我的進展如何

我沒有拿自己和其他人做比較，因爲拿自己和別人比較根本就是自找苦吃。

我曾經有一輛摩托車，是一輛非常高級的摩托車，我對它愛不釋手。有一次，我在紅綠燈處與另一名騎士並排停下，我打量著他的摩托車：「這才是我想要的！」我在安全帽裡默默地對自己說。而他則在看我的車，明顯也在想同樣的事。當綠燈亮起，我們一起轟轟作響地往前進時，我才發現我和他騎的根本是同一款摩托車。啊，這善變的心思，總是讓我們焦慮、折磨我們、甚至捉弄我們。看看任何一個人，你總能找到讓人羡慕的地方，但你並不知道他們內心眞正經歷了什麼。有人說，要了解別人就得穿上別人的鞋走一英里，但結果就是你已經離他們一英里遠了；不過既然他們的鞋已經在你腳上，那還等什麼？快跑吧！

所以，給自己設立一些目標，但一定要務實。「我要成爲世界之主」聽起來很厲害，但完全不切實際（除非你是美國總統?!）。

設定的目標要具有挑戰性，但也要確實可行，既務實又帶點難度——太容易沒意義，太難只會讓人氣餒。

法則48

擬定行動計畫，但別輕易透露給他人

你的計畫應該包含長期和短期目標。

沒有人知道你腦子裡想些什麼，也沒有人知道你渴望達到多麼高遠的目標。沒人知道你眞正的盤算（參考法則43：知道你實際上在做什麼），所以你可以一邊把工作做好，一邊執行自己的計畫。你的計畫應該包含長期和短期目標：你想去哪裡，你打算如何前進到那裡；這樣你就有一個清晰的基準來衡量自己的成功——你目前實際上的進展到哪裡。

爲什麼要保密？因爲公司的策略、管理團隊的計畫、甚至你老闆的計畫，可能和你的個人計畫並不完全一致。這是你的個人計畫，應該藏在心裡，保護你的夢想、希望和抱負——沒有什麼比別人潑你冷水更讓人洩氣的了。

很多管理工作都是關乎你的形象——你要能展現專業、自信，讓人對你產生信賴，表現出一個稱職管理者該有的樣子。如果別人察覺到你的計畫與這種穩健自信的管理形象不符，他們對你的信心就會開始動搖。也許你正打算自行創業，但千萬別告訴任何人，否則他們會認爲你隨時要走，即使你實際上幾年內都沒有離開的打算。如果你的計畫是快速晉升，別人會把你當成「抱負極高」的人，結果就是不再指派長期專案給你，因爲他們認爲你很快就會升遷離開；如此類推。你得謹慎別讓底牌外露，保持外在的忠誠、奉獻、可靠、勤勉和穩定的形象——即使你心裡眞正的計畫是顚覆現狀、攀登聖母峰或接管一個帝國。

法則49

清除多餘的法則

為什麼要做這件事？為什麼要用這種方式做？

哈，我可以聽到你現在心裡在想：「這下子好了吧，他打臉自己了！一本講『法則』的書，居然要刪掉多餘的法則？」沒錯，清除多餘的法則。不過，當然不是我的法則，也不是你的法則，是他們的法則。讓你的團隊知道你站在他們這一邊，你願意精簡流程，提高效率；這意味著，那些過時的包袱，該丟的就得丟。

在任何工作場所，都會有一大堆繁瑣的流程、官僚作風，以及過往管理留下來的舊規則，現在把它們通通刪除掉。對你和團隊所做的一切提出質疑，藉由清除任何不必要或過時的東西來加速和簡化流程。這就像是工作中的斷捨離。

我們很容易陷入日復一日的工作模式，久而久之就不再以清晰和全新的視角來看待事物。你每天都應該以外部顧問的角度來審視工作，問自己：「我們爲什麼這麼做？我們爲什麼要用這種方式做？」我敢打賭，你一定會發現不少累贅且無用的流程，而這些東西是完全可以刪掉的。

我曾在一家公司工作，每封寄出的信件都必須先給一位資深秘書「審查」。她簡直像個母老虎，如果你惹她不開心，你的信件就會直接被壓到最底層，然後就不見天日了。爲什麼信件要經過她的手？我完全想不通，當時爲了擺脫這種老掉牙的荒謬流程，我可是費盡千辛萬苦。如果我多等幾年，等電子郵件普及，這件事根本就不需要我費力，自然會被淘汰。

精簡流程，節省時間，讓你的團隊更開心，讓他們覺得被信任。其實就這麼簡單。

法則 50

從錯誤中學習

成為管理者是一個持續學習的過程。

我們都會犯錯，如果不犯錯，就不可能成爲一個富有創意和創新力的管理者，但有些管理者對自己的錯誤選擇視而不見，他們掩蓋錯誤，埋葬錯誤，或者乾脆把它們忘了。

身爲出色的管理者，你不會這麼做。你不會因此責怪自己，也不會陷入自憐的情緒，而是會分析錯誤的原因，和同事討論爲什麼會犯錯，然後制定一個防止再次出錯的計畫。

我們的錯誤可能是任何事情：一次處理不當的評估、一次銷售機會的流失、一份欠缺深思熟慮的報告、時間或資源的浪費、錯過最後期限；當你開始列舉出可能的失誤時，這個清單幾乎是無止境的。

一旦犯了錯，除了做到前面所說的一切，更重要的是找出下次正確的做法，確保不再重蹈覆轍。

成爲管理者是一個持續的學習過程。你永遠不會原地踏步，也永遠不會覺得自己已經完全掌控了，你不可能完全掌握所有事；不過你可以請教值得信任的人，並參考實用的資源來引導你，尤其是那些簡短、直接且實用的建議。

錯誤非常寶貴，因爲它們不僅教會我們哪裡做錯了，還告訴我們如何解決問題。當你犯過幾次錯誤之後，你會成爲更好的管理者，擁有更廣泛的經驗和技能。我們都會犯錯，承認它們，從中學習，然後繼續前進。

法則51

準備放下舊觀念，因為有效的方法會隨著變化而改變

優秀的管理者能快速且靈活地適應變化。

你一定經歷過這種情況：你按照以往的方式做，一切看起來都很順利，然而突然間，你的業績不再達標，銷售額下滑，員工流動率上升，事情開始崩潰。但你明明沒有做任何和以前不同的事——你擁有成功的公式，卻突然失效了。該怎麼辦？首先，要意識到：有效的方法會改變。而且這種變化可能非常迅速，以至於你在察覺到時為時已晚。要隨時準備好快速適應，因此你必須時刻掌握以下重點：

• 你所在產業的最新創新
• 新技術
• 新術語
• 新方法
• 銷售變化、市場趨勢、員工流動率、目標和預算調整

別陷入慣例的窠臼僵局。一旦有必要，你要能迅速做出改變。優秀的管理者就是要快速且靈活地適應變化，否則，你就會像恐龍一樣滅絕淘汰。

這一點適用於各種情境，例如，你對員工的管理方式。你可能長年採用某種方式，一直行之有效，但突然間卻不再奏效。你可以硬撐著，但可能會導致員工快速流失。最好的做法是：準備好放下舊有的方式，並採用新的方法。

但還有一種情況，就是你已經在不知不覺間改變了。如果我們習慣用某種方式做事，有時即便我們已經做出改變，卻未必意識到，所以必須保持敏銳，留意那些不知不覺間發生的變化。

法則52

少說沒幫助的話，直接切入正題

沒有盈利，就沒有生意；沒有生意，就沒有工作。

我曾經有一位主管，他很喜歡問我們到底是爲誰工作。如果我們說爲自己工作，他搖頭；如果我們說爲他工作，他搖頭；如果我們說爲董事們工作，他還是搖頭；一遍又一遍。他的唯一答案是：爲股東工作。他說，我們工作的唯一目標就是獲利，其他一切都是多餘的。這話確實有道理，我們確實是爲股東工作——無論他們是誰。如果你是一人公司，股東就是你自己；如果是一家非上市的家族企業，那股東可能是董事們；如果是上市公司，那股東可能是數百萬個投資人。

所以，別再廢話了。不管別人怎麼說，做生意只有一個目的：獲利，就是賺錢。如果你達到了業績，那很好；如果沒達到，那就該收拾東西走人。很簡單。現在，你有一個清晰的標準來衡量自己所做的一切。問問自己：「這件事能幫助我提高利潤嗎？」如果答案是肯定的，就繼續做；如果不是，就果斷停止。

說到底，這一切都圍繞著一件事：沒有盈利，就沒有生意；沒有生意，就沒有工作；沒有工作，就沒有房貸、汽車、餐桌上的麵包，也別想去托斯卡尼度假。

我敢打賭，如果你坐下來仔細檢視自己的工作內容，會發現其中有不少都是多餘的。是時候確立優先順序，少說廢話，專注於一件事：利潤。這正是你這樣優秀的管理者與其他人不同的區別。清晰的目標、遠見和專注，這些才是優秀管理者的特質。

法則53

和有影響力的人打好關係

你必須知道誰是真正有影響力的人，然後和他們打好關係。

記住，重要的不是你認識誰，而是你認識「什麼樣的人」。在商業世界裡，有舉足輕重的人，也有埋頭苦幹的「工蟻」。你必須知道誰是眞正有影響力的人，然後設法和他們打好關係。高層管理者通常都會有一位助理爲他們把關，所以你無法直接和大人物交談，只會被他們的「左右手」擋在外面。你必須和這些助理搞好關係，對他們施展你的魅力、禮貌、機智、分寸感，並適當運用手腕和策略。

我以前的老闆有一位商業顧問，某種程度上就像是他的非正式私人助理，負責替他擋下員工，讓他不用直接應對下屬。這位女性助理姓伯頓（Burton），所有人都叫她「伯頓女士」，只有老闆核心圈內的人才會叫她JB。一開始我也叫她JB，剛開始幾次，她的表情明顯驚訝，畢竟當時我只是個資淺的經理，根本沒資格如此稱呼她，但我還是這麼做，而且沒被糾正。幾週後，老闆聽到我叫她JB，以爲我已經進入她的核心圈，於是老闆開始賦予我更多責任，這也讓JB對我另眼相看，因爲在她看來，我顯然是老闆的心腹。他們兩人相互影響，以爲我是雙方的「自己人」，於是我從兩邊都得到了優待。

很多人認爲：(a)「靠人脈關係」這套已經消失，或者(b)即使沒消失，也應該被淘汰，或者(c)它確實已經消失，所以建立人脈關係不再重要，並且／或者(d)原始天賦總是會脫穎而出。

以上說法或許有幾分道理，但「靠人脈關係」這類圈子永遠不會消失，因爲消息靈通、有影響力的人依然掌控著特定圈子，只是現在的圈子不再是學校的校友，而是高爾夫俱樂部、慈善組織、早餐聚會、大學、家族、前同事、老朋友等等。有影響力的人喜歡圍繞著自己熟識和信任的人建立人脈圈。你要先認識圈內核心人物身邊的人，並和他們打好關係，加入他們，最終成爲圈內的一份子。至於接下來要如何發揮這個人脈網絡，完全取決於你了。

法則
54

知道何時關上門

有時候從實際與心理層面來看，建立一層屏障是必要的。

採用門戶開放的「隨訪隨談」政策（open-door policy）對於管理者來說，基本上是個不錯的主意，但你必須知道「何時該關上門」，這樣你才能：

- 專心處理工作
- 進行私人會議
- 讓團隊知道你不希望被打擾
- 讓團隊明白你確實是主管，而不是他們的一員作爲一位優秀的管理者，你會希望員工在他們需要時可以隨時找到你。但有時候，從實際與心理層面來看，設立一道屏障是必要的。良好管理的眞正祕訣在於：無論你與團隊的關係多麼融洽與親近，最終你還是必須明確展現自己作爲主管的角色。

以民主方式管理當然很好，會議和委員會也有其價值，共同討論確實能帶來收穫。但當關鍵時刻來臨時，你必須做好承擔責任的準備，這意味著你需要果斷行事，做出艱難的決定，並眞正履行主管的職責，而偶爾「關上門」正是對此的一種強化。你不必成爲一個冷酷或專橫的上司，但必須成爲一名值得尊重的管理者。

如果你是不善於表現強勢或權威的主管，我建議你練習「關上門」。這是一個極具象徵意義的動作，展現出誰才是掌控這個環境的人——那就是你。多做幾次後，團隊自然會明白你的意思。一旦你習慣了這個做法，你就能掌控誰可以進入你的辦公室、能停留多久。讓員工認眞對待你，讓你能夠在工作中確立自己的權威。「關上門」正是你作爲管理者的象徵——相信我，這是件好事。而且你還能在不被干擾的情況下完成工作。只是別太過頻繁，因爲沒有什麼比一個總是神隱、讓人找不到的主管更讓人沮喪了。

法則 55

讓你的時間更具生產力和價值

別停滯不前，多讀點東西。

一旦你學會了「關上門」，你會發現自己獨自待在空曠的辦公室裡。要成為真正優秀且高效的管理者，此時你不能得過且過或安於現狀，你必須專注投入，並且快速、有效率地完成工作。然後，你應該著手規劃長期目標、完善策略，或加強你的商業知識（別停滯不前，多讀點東西吧）。

當沒有人用電擊棒逼著你工作的時候，努力工作有點像是為自己打拼。你必須有動力、專注，並且自我激勵，這需要經驗的累積和訓練。我們都會想偷懶，這偶爾也無妨，因為我們都需要思考的時間和休息時間，但重點是別過頭了。

別讓時間小偷溜進來偷走你整天的時間。設定一些小的截止期限，列出簡短的待辦清單，這樣你就可以逐一劃掉許多事項，讓自己對完成的工作感到自豪。多到戶外呼吸新鮮空氣，否則你可能會不斷打盹。午餐時不要喝酒，否則下午你會昏昏欲睡。晚上要早點睡，不然你就會在辦公室裡補眠。

當心那些浪費時間的人。練習對他們說：「我有件重要且緊急的事情要完成，我稍後再去找你。」

小心電子郵件，因爲它們很容易消耗你的時間。而且它們會讓你變得非常被動，產生這樣的錯覺：「喔，我的收件匣清空了，工作都做完了。」但事實是，工作不只是回覆或寫電子郵件，而是捲起袖子去眞正做點事情：打電話、追蹤進度、創造銷售、檢查生產進度、整理報告。現在就開始動起來吧！保持高效生產力，創造價値，其他瑣事可以暫時擱一邊。

法則 56

準備好備案B和備案C

不要假設你有足夠的時間——你沒有。

你必須爲突發狀況做好準備，並在所有計畫都加上「萬一」的備選方案。如果不這樣做，會顯得你無法應對和解決問題。永遠不要假設一切都順利——事實並非如此；不要假設你總是能表現良好——有時候你不會；不要假設科技設備不會出問題——它總有故障的一天；不要假設你有足夠的時間——你沒有；不要假設他人都會準時出現——他們可能不會；不要假設你不會忘記事情——你會的；不要假設方案A肯定成功——它可能行不通；也不要假設方案B會奏效——總有一天它也可能失效。

我想你現在大概明白了。當事情出錯時——而且它們一定會出錯，你必須準備好即興發揮、適應環境，並克服困難。例如，你正在做一個PowerPoint簡報，一切都準備好了。如果此時突然停電了呢？如果技術故障了呢？你必須事先想好當電力中斷、資訊設備失靈或訂單未能如期到達時該怎麼辦，因爲這些事情總會發生。也許不會是今天，但明天或未來隨時可能讓你措手不及。

當然，眞正優秀的管理者不需要備案B或備案C，因爲他們能隨時隨地應變並掩飾自己的失誤。但我認爲更明智的做法是時刻問自己：「當這個方案失敗時，我該怎麼應對？」這個習慣一直對我很有幫助。

法則57

抓住機遇——讓自己看起來幸運，但絕對不要承認只是運氣好

如果你工作不夠出色，運氣也不會降臨。

如果你時刻保持警覺，機會、運氣、突如其來的好事就會不期而至。如果你反應敏捷、聰明、有進取心，就能抓住這些瞬間的機遇，並乘勢而上；這就是所謂的「運氣」。抓住它，因爲它稍縱即逝。你無法把它寫進計畫、預算或報告裡，但它始終存在於你周圍。事實上，越是珍惜、培養和積極尋找它，它就越容易發生。我們必須相信運氣，否則怎麼解釋那些我們不喜歡的人爲何會成功呢？

但不要把你的職業生涯建立在運氣之上，它不是這樣運作的。我的意思是，我

們每個人都會有走運的時候，當這種情況發生時，你必須緊緊抓住，並隨之而行，然後保持沉默。你不必總是據實以告，因爲虛假的謙虛會令人反感。如果你走運了，可以說：「這是一個難得的好機會。」但要說得讓人覺得：這背後是經過數月的縝密策劃、數年的研究和數十年的經驗——因爲老實說，這才是事實啊。

世上並不存在單靠運氣這種事，但確實有看似隨機的機遇可以被你抓住，而這要歸功於你過去的所有努力、經驗、研究和規劃。如果你沒有抓住這些機會，它們會從你身邊溜走，而你將一無所獲，但如果你能認出並抓住這些機會，你就能搭上這趟順風車；這一切都取決於你。如果你工作不夠出色，運氣也不會降臨；如果你不是一位優秀的管理者，你也不會反應夠快迅速抓住這些機會並加以利用。

正如前美國總統湯瑪斯．傑佛遜所說：「我十分相信運氣，而且我發現我越是努力，運氣越會眷顧我。」

法則58

知道自己何時壓力過大

你需要興奮感、挑戰性、熱情、振奮人心的時刻以及各種刺激，但你不需要壓力。

優秀的管理者總是能夠領先於壓力，爲什麼呢？因爲壓力是無益的，它無法帶來實際效益。過去那種壓力山大的主管形象：吃著藥，血壓飆高，卻依然能完成驚人的交易，這種形象已經過時了。現代管理者是從容不迫、舉止得體、富有魅力、思維縝密，工作有條不紊。你不需要壓力，眞的一點都不需要。你需要興奮感、挑戰性、熱情、振奮人心的時刻以及各種刺激，但你不需要壓力。

壓力只是走偏的興奮。當你不再熱愛工作，開始害怕它時，壓力就出現了；當你不再充滿興奮感，而是變得恐懼時，壓力隨之而來；當迎接挑戰變成了對抗，壓力就開始累積。

那麼，你是如何表現出壓力的呢？這是一件非常個人化的事情。我知道自己壓力過大時會更容易大聲吼叫，較少講道理，要求更多，變得不太有禮貌，行事更加急躁，也沒那麼從容，這是我的表現方式。對你來說，可能是抽菸、喝更多酒，可能會失眠或吃不下（也或許是吃太多、吃太快、吃太多垃圾食物），甚至可能表現爲神經衰弱（過度睡眠）、恐慌發作、抽搐、不合理的恐懼、不當行爲，或像我一樣開快車。如果你不知道自己的壓力反應是什麼，可以問問身邊熟悉你的人，他們會告訴你。

當我察覺到自己出現壓力症狀時，我會停下來檢視：

- 我爲什麼會有壓力？
- 壓力的來源是什麼？
- 我能做些什麼來解決？
- 我該怎麼防止它再次發生？

我不喜歡感到有壓力（我的孩子們說我在這時非常煩人），而且沒有任何一份工作值得我拿健康去換。我懂得如何放鬆，一旦我發現壓力升高，我很清楚知道怎樣降低它，我知道什麼方法對我有用。那麼對你來說，什麼方法最有效呢？

法則59

管理好你的健康

如果你希望健康長壽，現在就該好好思考並採取行動。

管理健康是很容易被忽略的事情，現在就開始行動吧。一般建議包括：

- 好好吃飯——在輕鬆的環境下坐下來，慢慢享受食物。
- 吃健康的食物——新鮮、有機、瘦肉、蔬菜、水果、沙拉、高纖食物，遠離垃圾食品和加工食品。
- 多喝水。
- 每晚都保持良好的睡眠品質。
- 別過度擔憂——多笑，享受一些與工作無關的樂趣。

- 定期進行基本健康檢查，及早發現重大健康問題，例如乳房或睪丸是否有異常腫塊。
- 在舒適和安全的環境中工作。
- 定期檢查膽固醇數值、血壓等健康指標。
- 擁有支持和關愛你的親友。
- 建立信念系統，讓自己在危機時刻能有所依靠。
- 保持運動習慣。
- 注意體重。
- 適量飲酒。
- 不吸菸（在這些建議中，這一點顯然是最重要的，甚至比其他所有建議加起來對你壽命和健康的影響還要大。）

當然，你可以選擇不做這些事情。你是成年人，可以自行決定。但如果你希望健康長壽，現在就該好好思考並採取行動。

法則60

準備好承受痛苦與享受快樂

你必須調整自己的期望，這樣當工作變得枯燥時，你不會感到厭煩。

看吧，工作謀生本來就是一種複雜的體驗，尤其當你爬得越高，這一點就越明顯。當我剛入行做基層會計員時，我習慣了無聊、懶散、鬱悶、沮喪，甚至厭惡這份工作。後來我晉升到總經理時，我驚訝地發現，自己依然會感到無聊、懶散、鬱悶、沮喪，甚至一樣厭惡這份工作。

當我剛開始工作時，我並沒有期待會有不同的感受，然而當我升職後，我完全沒料到自己還是會有相同的感覺。我想，我原本期待每一天都充滿戲劇性、刺激、極具挑戰、充滿壓力，甚至如履薄冰。然而，當現實並非如此時，我感到有些失望。

現在我明白了，不是每一天都會精彩絕倫。有些日子會讓人覺得無聊，而有些日子則會充滿腎上腺素與戲劇性，但無聊的日子往往比刺激的更多。你必須做好準備，接受其中的辛苦與樂趣。你必須調整自己的期望，這樣當工作變得枯燥時，你不會感到厭煩，而當事情令人興奮得無法言語時，你也不會激動到難以自持。

問題在於，當工作太無聊時，你可能會忍不住想製造點樂子來活絡氣氛，我曾經多次這麼做。但最好還是克制住這種衝動，讓這種感覺自行消散。作爲管理者，你不能擾亂秩序，當然，除非是爲了創新。

法則61 面對未來

抵抗變化是徒勞的，只有接受變化才能生存下去。

無論你現在正在做什麼，變化都是無可避免的。未來很快就會到來，一切都會改變，這是必然的。現在與你共事的人可能會離開團隊；銷售業績也會有上下起伏；你的上司會退休或另謀高就；你的客戶會更換；你的同事會變得不同；而你自己也會改變。

所有這些變化終將發生，聰明的管理者不僅能接受這些變化，還能提前做好準備。先前我們提過要有備案B和備案C，但這裡的重點不同，並不是針對某個特定的危機做準備，而是讓自己保持靈活應變，以確保時刻走在變化前面。這表示當變化發生時，你能夠從容應對，不會因此被打亂步調。

我曾待過的一間公司在短短一年內經歷了兩次收購。每次新管理層進來，都會進行一連串的變革，他們希望事情按照他們的方式運作。這沒什麼問題，但我們剛適應第一次收購，第二次收購接踵而至。

我看到很多人無法承受這種高壓且靈活的壓力挑戰，最終不得不離開，我差點也成了其中一員。那段時間確實很艱難，但我當時就明白：抵抗變化是徒勞的，只有接受變化才能生存下去，而且不只是生存，還能從中獲益。我越是帶著微笑，以一種「放馬過來」的態度迎接變化時，我反而獲得了更多主導變革的責任。其他管理者在風暴中像橡樹般硬挺地站立，但我選擇像柳樹般隨風搖擺，最終我存活下來，而他們則因爲選擇抗拒、僵硬不變而失敗。

你也必須正視自己的未來。你會選擇繼續前進嗎？你是否已對這份工作、這個產業或自己在其中的角色感到厭倦？今天讓你充滿熱情的事，十年後可能不再讓你感到興奮了。

法則62

抬頭挺胸而不是低下頭

在身體和情感上（甚至心理上）練習「抬頭挺胸」。

我們很容易以低頭、消極的態度過生活，而要保持積極、昂首向前則困難得多。你的杯子是半滿還是半空的？如果你感覺它是半空的，或許你需要一個假期、重新培訓、新挑戰、換個新工作、換個新部門、換個新團隊，或者僅僅是換個新心態。生活總是迅速地向我們逼近，甚至讓人來不及閃躲。

身爲管理者，生活並非總是愉快或輕鬆的，你會時常感到疲憊、沮喪、無聊、無精打采，甚至會有想辭職的念頭；這種思緒時不時都會出現。當管理者有時候感覺是一個吃力不討好的工作，各種事情從四面八方朝你砸來。我始終無法確定，是站在高處往下丟東西比較好，還是站在底層往上扔比較好，但有一點我可以肯定：

夾在中間一邊擋上面丟下來的東西，一邊應付下面推上來的麻煩，絕對不是件輕鬆愉快的事。

「抬頭挺胸」既是一種肯定的自我鼓勵（當遇到困難時默念它，但記住不要說出來，不然人們會以爲你不正常），也是一種具體的行動指引，你可以在身體和情感上（甚至心理上）練習「抬頭挺胸」。當你對著鏡子抬頭說：「我眞的很沮喪。」你會忍不住笑出來的。再試試相反的動作，低頭說：「我感到非常快樂。」你同樣會感到荒謬可笑。你會笑出來，但前提是你得看著鏡子，當然也許你本來就一直是這副模樣。無論如何，這麼做會很好笑。

進入會議室時，抬頭挺胸；主持會議時，抬頭挺胸；做簡報時，抬頭挺胸；與員工或客戶交流時，抬頭挺胸。在漫長又忙碌的一天結束後，當你準備入睡時，可以放鬆地低下頭，安心入睡，因爲你知道自己一整天都充滿自信、積極、有活力地面對挑戰。做得好！

法則63

既要看見樹木，也要見到森林

只關注你的工作或你的部門是不夠的。

你必須掌握整體局勢，只關注你的工作或你的部門是不夠的。你不能只專注在你的公司，甚至不能局限於你所在的產業，你必須時刻保持更宏觀的視野。作為一名優秀的管理者——就是你[3]，需要對各方面有深入的了解，包括國內外政治、社會歷史、全球事件、國內政策、國際焦點、環境問題、現行和擬議中的法規[4]以及

---

3 我之所以說「就是你」，是因為你正在閱讀這本書。糟糕的管理者會自認為無所不知，而你願意閱讀、學習、尋求建議、拓展視野、形成見解，並保持開放的心態；這很好，你做得好。

4 不僅是影響你產業的法規，所有的重大法規都要關注，因為這些法規往往會間接地影響到你。

技術發展（不論是否直接影響你所在的產業）。

同時，你還需要密切關注自己身邊發生的事：你的團隊、部門、周邊環境，既要關注細節，也要掌握大局。

你要如何找到時間來思考這些事情呢？要反思、分析、預測未來嗎？答案就是把它排進你的行事曆，這才是成熟的管理者該做的事。如果你希望成爲一位優秀的高層管理者，就必須意識到爲自己騰出思考的空間有多重要。

有時候，你可以利用旅途的時間來思考（但請確保你是刻意安排這段時間，並且善加利用）。有時候，你必須在行事曆上保留一兩個小時，確保不被打擾。如果有人問起，就說這是「規劃時間」，若對方也是成功的管理者，他們自然會懂。

聰明的管理者必須時刻保持敏銳的觀察力，睜大眼睛、豎起耳朵，隨時保持警覺，並對新想法、創新和趨勢持開放態度。你必須既看見樹木，也看見整片森林。

法則64

知道何時放手

知道何時該退出、何時該認清現實。

有時候放手真的是一件很難的事，因爲你必須知道「何時」該停下來，畢竟有些事情注定無法成功，有些團隊成員永遠無法融入，有些上司無論如何都無法與之和平共事，有些情況也只能就此打住。

優秀的管理者會本能地知道何時該妥協、抽身、離開，保留自尊，保持風度。這條法則不僅適用於你自己，也適用於所有陷入困境、胡亂掙扎、無理取鬧，或試圖硬拗的人。來吧，大家必須要知道何時該退出、何時該認清現實。

優秀的管理者知道何時該坦然面對問題：「是的，我搞砸了，這是我的錯，我認了。」通常這種坦率直接的態度會讓人措手不及，反而不知如何應對，最終你會被原諒。

如果你不知道何時該放手，那麼憤怒、怨恨、壓力、嫉妒和痛苦將會不斷累積。學會聳肩離開；你不需要原諒，也不需要忘記，只需要放下、轉身離開。

商業上有一個迷思，認爲「報復比生氣更好」，但其實報復本身就是憤怒，只是花的時間更長而已。放下吧，把注意力放在你接下來能做得更出色、更令人興奮的事情上。

法則65

果斷決策，即使難免會犯錯也沒關係

寧可大膽行動，哪怕犯錯都比因害怕就原地不動、畏畏縮縮來得強。

我打賭，你肯定討厭那種因害怕出錯而不敢做決策的管理者。那種猶豫不決、拖拖拉拉、充滿恐懼的管理者，總是拖到最後一刻，或者等著別人替他們做決定。我曾與這樣的人共事過，沒有什麼比這種瞻前顧後、舉棋不定的人更令人抓狂了，而這一切，僅僅是因爲他們害怕。他們害怕做決定，生怕犯錯，擔心這個錯誤可能會讓自己丟掉工作，但這又如何呢？寧可大膽行動，哪怕犯錯都比因害怕就原地不動、畏畏縮縮來得強，大膽嘗試吧。

假設這決策最後眞的錯了，沒關係，有時候即使犯下大錯，也可能因此出現一些美好、耀眼、甚至奇蹟般的機會。我們或許會跌跌撞撞，但最終還是能安穩地平安度過，甚至讓自己看起來像是早就胸有成竹，儘管當時其實也不太確定自己在做什麼。這正是我希望你成爲的管理者——一個隨機應變、讓一切皆有可能發生（且確實會發生）的直覺型管理者。如果你只想當個搖擺不定的騎牆派，那麼這本書不適合你。

當然，我不是在鼓勵你做出草率、缺乏深思熟慮的決策。作爲一位優秀的管理者，當面臨重大決策時，我相信你一定會先分析相關證據，甚至徵詢過他人意見。通常害怕做決策會出現的關鍵時刻是：在你做決定的過程，卻因爲害怕做錯而猶豫不決、想要逃避的那一刻。

這關乎勇氣：敢於偶爾犯錯的勇氣、敢於承擔風險的勇氣、敢於在適當的害怕中前進的勇氣（因害怕而裹足不前、坐在原地觀望，和在害怕中果敢做出決策，兩者完全不同）。

你要做的就是看清事實，權衡利弊，聽取建議，跟隨直覺，然後果斷行動，做出決策。要有行動力，要大膽果決。

法則66 以極簡主義作為管理風格

極簡管理的核心就是透過「少做」來獲得「更多」。

極簡主義意味著不提出冗長的報告，不會每隔二十分鐘就發內部電子郵件。這表示將規則減到最少[5]，讓員工專心完成工作，也意味著制定合理、清楚明瞭且簡單的公司使命宣言。極簡管理讓管理者能夠善用專業人士，並讓他們在安靜的環境下專注於工作，這代表管理者內心有足夠的安全感，不需要刻意爭取表現、霸凌員

---

5 要減到最少的不包含本書的法則，我指的是瑣碎的規定：必須打領帶、休息時間只能吃一個甜甜圈、必須稱呼高層管理者為X先生／女士而不是名字、停車要停整齊、要穿體面的鞋子等等；你懂我的意思。

工或過度干涉。

極簡主義管理的核心就是透過「少做」來獲得「更多」。你當然還是要擔任領導的角色，但這更像是駕駛一艘大船，只需輕輕地轉動舵輪就足夠了，如果你猛力擺動舵輪，船隻立刻就會偏離航道。

有一句古老的中國諺語：「治大國若烹小鮮。」意思是，在烹煮小魚時不要隨意地不停攪動，否則小魚會碎散掉。管理一個部門、團隊或公司也應該採用同樣的方式——溫和、謹慎、低調。寧可不顯眼，也不要過於張揚。

法則67

想像你會得到的紀念牌匾

你希望別人如何記住你？

當你寫出暢銷書並過世後，在你出生、居住或撰寫出暢銷書的建築物上就會掛上藍色紀念牌匾，前提是地點是在倫敦。[6]不過，這塊紀念牌匾其實不是給你的，而是給你死後住在那裡的人。這個藍色牌匾是為了紀念你生前做了一件好事。如果你沒有這樣的成就，像是沒有寫出暢銷書，沒有對人類文化做出貢獻，或是沒有賺

6 我相當確定，要獲得藍色紀念牌匾，你必須已經去世，但不一定非得寫過什麼書，成為音樂家也可以，像是美國吉他之神吉米．罕醉克斯（Jimi Hendrix）都有一塊。如今，倫敦以外的地方也開始設立藍色紀念牌匾了。

到足夠的錢在倫敦置產立足，你就不會得到這塊藍色紀念牌匾。

現在試著想像一下，如果有一種藍色紀念牌匾是專門紀念管理風格，而且不限於倫敦，你會因什麼而得到這塊牌匾？又或者，你眞的能得到嗎？簡單來說，你希望人們怎麼記住你呢？

我曾經有一個主管，他的管理風格說來有趣，根本可以說是奇特。他每天進公司時，就會對第一個他遇到的人大發雷霆，無論對方正在做什麼，都會被他痛罵一頓；接著他就走進辦公室悠閒地喝半小時咖啡。然後，他會走去工廠，對第一個碰到的人大加讚賞，無論對方在做什麼，他都會稱讚對方做得好極了。我曾經問過他爲何如此，他說：「這樣大家才會繃緊神經、保持警覺，永遠搞不清楚我心裡在想什麼。如果他們心存恐懼，我就能榨出更多生產力。」抱歉，比利老兄，這種風格不會有藍色紀念牌匾。

我之所以再次提到這件事，是因爲即使過了二十多年，我仍然難以忘記，這大概是我見過最荒謬、最無能、最具霸凌性、最愚蠢的管理方式。而且，我上次詢問其他人時，他竟然還在那家公司工作。他幾乎沒有晉升，還是和我當初認識他時做著差不多一樣的事情，但他居然還沒被開除。我不會買這家公司的股票，從來沒有，以後也絕不會。

我想要一塊藍色紀念牌匾。我想要它來證明自己是這世上最出色的管理者；我想要它來肯定我對團隊的貢獻、創造的成果、訂立的典範標準；我想要它來證明我的卓越成功，還有證明我的團隊有多麼樂於與我共事。

法則 68

堅守原則，貫徹到底

你必須有一條絕不跨越的底線，而且你清楚知道這條底線在哪裡。

你一定要有自己的原則。如果沒有，你最終可能會輕視自己，負債累累，甚至身陷囹圄。當然，即使有原則，也可能會落到這種下場，但至少你還能說：「我堅守了我的原則。」

你必須有一條絕不跨越的底線，而且你清楚知道這條底線在哪裡。別人不需要知道，直到有人試圖要你跨過它，那時候你再告訴他們。這條底線必須堅如一座十英里高的鋼牆牢固，無論發生什麼事，你絕對不能跨越。

我有一位朋友，她老闆曾要求她偽造一封正式警告信，當成勞資仲裁時的證據，爲了針對一名聲稱遭到不當解僱的員工。你會照辦嗎？你是不是在想，這取決於該名員工的解僱是否合理？如果他確實曾經被警告過，但當時沒有留下書面紀錄呢？如果你和你老闆都確信當時應該有正式記錄，只是現在找不到呢？我不是要告訴你在這種情況下什麼是對、什麼是錯。我的意思是，你必須清楚知道自己認爲的對與錯，然後堅持地捍衛下去。

那麼，你會把自己的底線劃在哪裡？我曾被要求做一些自己不喜歡的事，也曾被要求做一些讓人不快樂的事，甚至是讓我極爲厭煩的事。但每當有人要求我跨越自己的道德底線——幸運的是，在我漫長的職業生涯中，這種情況只發生過一兩次——我都能夠堅定地說「不」，並且貫徹到底。每一次，我得到的都不是被炒魷魚，而是肯定與讚賞。

法則69

追隨直覺

如果養成「傾聽」內心感受的習慣，你的敏銳度雷達將變得更靈敏。

在你的內心深處，你知道自己什麼時候是對的，什麼時候是錯的。當然，我們可以選擇忽略內心的聲音，但如此一來，我們會失去方向，真的陷入困境。直覺並非時時清晰響亮，但當它響起時，你若不跟隨才是真的瘋了。

問題是，我們的理性之聲也總是不停地在大聲說話，而我們常常混淆這兩者，認爲自己跟隨的是直覺，但實際上可能只是恐懼、嫉妒或其他情緒在作祟。

那麼，該如何辨別呢？當你與他人討論即將實施的新制度時，即使對方表現積極正面，但你內心卻感到一股異樣或冷冷的感覺，此時請務必留意。花點時間思考原因，告訴另一人看看是否有同樣感受。重新檢視計畫，從不同角度全面思考，並考量所有利害相關人士的影響與觀點。然後，你仍堅信這個新制度嗎？

不要因爲自大或懶惰而忽視獲取更多回饋的機會，也不要輕易放棄找尋參考意見或重新思考提案與決策，特別是在你有不好的預感時。

回顧一下你之前做過的正確或錯誤決策。當時你對這些決策的感受是什麼？你是否在跟隨錯誤的決策之前，內心深處就隱約覺得有問題？你能再次辨認出那種感覺嗎？

培養直覺是一件很難教的事情，但如果你養成習慣，經常去「傾聽」自己對某件事的內心感受，你的敏銳度雷達將變得更靈敏，慢慢地你就能夠察覺到內心的直覺正在告訴你：有什麼地方不太對勁。

法則70

保持創意思考

沉浸在你所做的事情中，靈感自然會浮現出來。

一位優秀的管理者會「儲備」許多創意思考技巧，以便在自己或團隊陷入困境時，有方法可以應對。所謂的創意，就是找出新的、不同的方式來解決問題。當你卡關並開始焦慮不安時，試著轉移注意力，不妨去整理花園、洗碗、放風箏或做其他事情，當你沉浸在這些活動時，靈感自然會浮現出來。

大多數創意思考技巧都在幫助你關閉有意識的理性思維，轉而使用更深層、更直覺的內心思維，這部分的思維蘊藏了許多我們平時無法觸及的靈感，我們可以透過睡眠、冥想或運用創意思考技巧來深入探索。

觀察其他你欣賞和尊敬的管理者是怎麼做的，他們或許已經擁有一整套的創意思考技巧，你可以學習幾招。多閱讀創意思考的相關技巧（可以從我另一本著作《思考的法則》〔*The Rules of Thinking*〕開始看），了解那些聰明的管理者在做什麼、想什麼、嘗試什麼。試著問問不同領域的人會怎麼做。不要害怕提出一些古怪或天馬行空的想法，有些最棒的點子正是來自於此。

法則71

不要停滯不前

真正優秀的管理者也是領導者：他們激勵人心、鼓舞士氣、帶動人們的熱情。

你是一位領導者還是管理者？這樣問可能有點不公平，畢竟整本書的重點都在談論你要如何成為一位高效且出色的管理者。然而，真正優秀的管理者也是領導者：他們激勵人心、鼓舞士氣、帶動人們的熱情，像飛蛾撲火般吸引他人。他們充滿魅力、活力和獨特的風采，是名副其實的領導者。

但他們同時也是優秀的管理者。過度管理會導致停滯不前，你必須樂於變革、尋找新挑戰、保持靈敏度、探索新方法，以新穎和令人興奮的方式激勵團隊，引入新技術和新觀念，開創潮流、跨越障礙、點燃激情。你不能停滯不前，否則苔蘚會爬滿你身上，你將變成一個固定擺設，最後沒人會再注意你。

我知道有時很難看得更遠，尤其當你被今天的工作量、明天的會議、下週的主管報告壓得透不過氣，但你必須持續前進，否則就會停滯。試著每天或每週騰出一點時間——即便只有半小時，想些激發變革的新方法。爲什麼？因爲如果你不這樣做，你將陷入日常瑣事、平淡無奇的例行公事中。你是一位管理者，但你同時是一位創新者、激勵者、啓發者、領導者和潮流開創者。

如果苔蘚已經在你身上蔓延，人們已經把你視爲辦公室裡的一件固定擺設，那麼你就得付出很大的努力來改變這種形象。但別用劇烈的新變革嚇到大家，一步一步來逐漸改變。

法則72

保持彈性，隨時準備前進

隨時準備橫向移動，並勇於探索不尋常的非典型機會。

總有一天，你需要往前邁進：會有其他工作等著你去完成，還有其他團隊等著你去帶領。你可能得收拾行囊，踏上新的旅程，所以隨時保持敏銳，時刻留意機會的到來。正如湯瑪斯．愛迪生說過的話：「大多數人會錯過機會，因爲機會穿著工作服，看起來就像是在勞動工作。」

記住你的長期規劃，我相信當中並未包含「留在這裡直到退休或一無是處」之類的內容。要把目光持續投向遠方的地平線。

作爲一位優秀的管理者，甚至是傑出成功的管理者，常常會被人注意、被獵人頭鎖定或挖角；要隨時做好準備，你可能會因爲被挖角而跳槽前往其他公司，這不表示你必須接受，但至少要保持開放態度，這可是難得的肯定。

保持敏捷，隨時準備横向移動，並勇於探索不尋常的非典型機會。如果這符合你的長期規劃，要做好獨自闖蕩的準備。

你該因爲離開團隊而感到內疚嗎？不必。你的職業生涯本身就包含不斷前進與變動，你的離開甚至可能爲團隊帶來新氣象，讓後繼者掃除陳舊觀念、注入新活力。我曾離開管理職位，而員工們似乎對我的勇於離開感到驚訝，仿佛「其他地方」是一個黑暗又危險之地，會將我吞噬。當然了，在我離開後，他們便給我貼上「逃兵」的標籤，但總比被人說「他離職了眞好」來得強吧。

法則73

記住自己的目標

無論你的目標是什麼，都要時刻牢記在心。

我的好友作家卡梅爾．麥康奈爾（Carmel McConnell）在他的著作《追求成功，心懷善意》（*Get Ahead;Give a Damn*；書名直譯）說道：「快樂、充實，既能挑戰自我又能獲得支持的人，他們通常在工作中表現最佳，也能從生活中得到最多收穫。他們能成功排除許多難題，而且還會樂在其中（儘管聽起來很奇怪，但解決難題其實是非常有趣的事）。然而，許多人都會遇到幾隻『鱷魚』……這些暗中作祟的干擾因素，是有效率、成功且低壓力生活的阻礙，不過有些是我們自己製造的，有些則是別人帶來的，還有一些則是無可避免的存在。」

那麼，你做爲管理者的目標是什麼？每個人都有不同的考量。你可能會說：

「爲股東創造利潤。」（法則52）但這麼說只是想迎合我，提出一個以爲我想聽的答案，但我不需要這樣的答案。

請記住，即使你現在深陷鱷魚群中，最初的目標是要解決問題。目標有很多種，解決問題的行動也有很多種。可能是完成下一個專案、制定下一年度的預算、順利通過下一次面試、熬過接下來的一週，或是應對紀律審查，也可能是長期的事，例如你的整體職業生涯等等。而那些咬住你屁股的「鱷魚」，可能是同事、客戶、顧客、上司、部屬，甚至是家人，應有盡有。但無論如何，他們確實會阻礙你實現目標。

這條法則是要你保持專注，避免被周圍的各種干擾給阻礙。保持專注，無論你的目標是什麼，都要時刻牢記在心。

法則74

我們都不是非待在這裡不可

別抱怨，享受或離開。

我曾經與一位傑出的管理者共事，他名叫鮑伯，可惜他已經不在人世，但我仍記得他教我的所有管理智慧。表面上，他看似一個普通員工，遵循公司的遊戲規則，低調、迷人、有效率、勤奮，但實際上他只爲自己工作。

鮑伯是個人主義者，他特立獨行、破除常規（當然不是本書的法則，而且書中法則很多都是來自他的啓發），他總是走自己的路。他常在鋼索上行走，卻遊刃有餘，他是個超酷的傢伙，是一個眞正懂得「管理應該讓人感覺不到管理」的大師。

當然了，他不僅完成工作，而且做得非常出色，但他是一個叛逆的管理者。有一次，我和他被安排參加一個管理培訓課程。猜猜誰沒去？沒錯，就是鮑伯。他才不會爲了誰去培訓課裡堆積木模型。而我去了，我堆了積木模型，按部就班地遵循公司的規則。猜猜看，誰最後升職了？對，又是鮑伯。

我怎麼聊到這裡？啊，是抱怨，我當時在抱怨，而鮑伯會說：「我們誰都不是非待在這裡不可。」他的意思非常直接，完全字面上的意思：我們不一定要做這份工作，隨時可以走人。這意味著，我們待在這裡是自己的選擇，我們選擇每天來上班是自己的決定。如果我們選擇待在這裡，就表示我們享受這份工作，否則早就離開了，對吧？如果我們不享受，就應該選擇離開這裡。

基本上，鮑伯想對我說的是：「別抱怨了，要麼享受這份工作，要麼離開。」這不是說你不能指出問題所在，但如果這些問題無法被解決，你最好學會接受它們；要麼享受工作，要麼機會讓給眞正願意做這份工作的人。我們誰都不是非待在這裡不可。

法則75 回家

在工作上，他無需向任何人證明什麼，因為他的家庭讓他得到滿足。

我還曾與另一位管理者共事過，他總是加班到很晚、很早到公司、跳過午餐，每天埋頭苦幹，每一秒鐘都在工作。猜猜誰獲得晉升了？沒錯，又是鮑伯，法則74的那位超酷傢伙。

鮑伯常對我說這句話：「回家吧，理查，回家吧。你有年幼的孩子，回去看看他們，別讓他們忘記父親長什麼樣子，不然就寄照片給他們，免得他們眞的忘了你的長相。」於是我回家了，鮑伯也是，我們經常回家。事實上，鮑伯待在公司的時間不多，但他居然又升職了。

他的祕訣是什麼？他的團隊，包含我在內，無論何時都願意爲他付出額外的努力，我們總是全力以赴，絕不會讓他失望。鮑伯能激發我們對他的忠誠，這種領導力是我至今很少見的。他讓我們每個人都感覺自己是成熟、受信任、被尊重的；他從不對人大聲斥責、霸凌、利用、壓迫、過度加班或讓團隊感到屈辱。我從未見過他對任何人進行紀律處分。他擁有一種與生俱來的魅力和親和力，總是從容自信、冷靜自如。他對待我們就像在慢火煎小魚一樣，精心掌控每個火候細節。

鮑伯說他的祕訣就是家庭，他為了家人而工作。他非常愛他的孩子，寧可待在家裡陪伴他們。他對家人的愛溢於言表，並以家庭幸福的男人而自豪。他經常談論孩子和老婆，明顯能感受到他對自己的家庭生活非常滿意。

他從不加班，因為對他來說，在公司待到很晚，就是不忠於他的第一優先考量——家庭。家庭的和諧讓他擁有深厚的內涵，個性圓融且平衡。他對自己充滿自信，內心自在安穩。在工作上，他無需向任何人證明什麼，因為他的家庭讓他得到滿足。

我曾與一些討厭鬼共事過，我發現他們唯一的共通點就是糟糕的家庭生活。他們的「大本營」充滿問題，這一點會反映在他們的工作上。所以，我親愛的朋友，回家吧。

法則 76

持續學習，尤其是向競爭對手學習

如果你害怕競爭，那麼你真正害怕的其實是自己的無能。

我們都遇過這種管理者：當競爭對手搶占先機時會氣急敗壞；因丟掉某筆訂單而抱怨一切很不公平；當客戶流失時大發雷霆，覺得自己被耍了。這樣的反應全是錯誤的。如果競爭對手正在偷走你的點子、客戶、合約、業務、銷售、甚至員工和收益，你應該：(a)承擔自身責任，沒有別人可責難；(b)這其實是個絕佳的機會，讓你學習如何做得更好。

沒有什麼比一個優秀的競爭對手更能教會我們成長：他們到底做對了什麼？我們能從中學到什麼？如何模仿他們？能否在他們的基礎上再進一步，真正發揮出更大優勢？如何超越他們，提升自己的市場占有率？

每週花點時間觀察競爭對手在做什麼，因爲如果他們夠厲害（通常競爭對手都是如此），他們肯定也在關注你的一舉一動。花點時間去了解競爭對手，甚至與他們交流。假設你有五個主要競爭對手，向他們分享資訊，等於是給每個對手一部分你的做法，這些想法會擴散開來，而他們也會回饋你新的點子、資訊、研究等等。我們不應該害怕競爭，而是應該擁抱競爭。競爭能擴大市場，讓你保持警覺，提供你實務上的學習機會，畢竟這是眞實發生的事情，而不是模擬訓練，更不會叫你在培訓中堆積木。

如果你害怕競爭，那麼你眞正害怕的其實是自己的無能。如果你知道自己做得很好，競爭對手再怎麼努力都無法撼動你；但如果你知道自己做得不夠好，競爭對手就能輕易超越你。其實你心裡很清楚這一點，因爲你知道自己沒有做到應有的水準。

法則77

充滿熱情，大膽前行

一旦你對工作充滿熱情，你就能變得大膽，因為你擁有動力、熱忱、勇氣和興奮感。

如果你不對自己的工作充滿熱情，那你打算對什麼有熱情呢？你在工作上花的時間比其他任何事情還要多，可能唯一能與之相比的是睡覺，因此你必須對自己的工作充滿熱情。你對性愛充滿熱情，但持續的時間遠比不上你的職業生涯；你熱愛美食，但一天也就吃三餐，工作卻是持續不斷的；你熱愛生活、嗜好、家庭和假期，但卻有太多人把工作視爲一種折磨，只想應付過去。如果你對工作抱持這些心態，那就回家吧，而且別再回來了，把機會留給對工作充滿熱情的人。不過我相信你不是這種人吧。

我剛開始踏入職業生涯時（而且我經歷過好幾種不同的職業），在接受公司員工培訓前，我會先研究業界的資料，像是該行業的歷史、知名人物、相關故事、發展過程以及相關法規，還有行業中的傳統如何形成的。當我正式進入工作時，簡直就像是行走的行業百科全書。讓我震驚的是，行業裡的人竟然對這些事情知之甚少。我充滿熱情，卻發現周圍的人似乎毫不在意。多年以來，我遇到越來越多一樣充滿熱情的人，但依然還是太少，遠遠不夠。

一旦你對工作充滿熱情，你就能變得大膽，因爲你擁有動力、熱忱、勇氣和興奮感。大膽行事意味著你勇於冒險，而冒險則意味著你能獲得回報，雖然不是每次都成功，但是當成功的次數足夠多時，你就會被視爲一個前途無量且行動派的成功人士。

對工作充滿熱情，意味著你眞正關心自己在做的事，不會只是裝裝樣子敷衍了事，而是眞心投入、充滿動力，時刻保持衝勁與熱忱。你做的工作意義重大，不僅僅是爲了薪水、地位或福利，而是爲他人、環境和社會帶來眞正的貢獻。如果你沒有熱情，你還剩什麼？如果你有熱情，你的熱情究竟來自哪裡？如果不是現在，還要等到什麼時候？

法則78

做最壞的打算，抱最好的希望

務必要有計畫，也要有滿滿的希望。

作爲管理者，你應該做好最壞的打算，同時抱著最好的希望。你的最壞情況是什麼？所有的員工因爲世界盃決賽請假？失去一筆大訂單？銷售額暴跌至零？辦公大樓失火？全國大罷工？流感疫情爆發？恐怖攻擊事件？石油外洩？政府勞動部門勒令關閉公司？這些情況中的任何一個，甚至是全部，都可能讓你的預算數字大亂。

那麼，萬一這些最壞情況眞的發生了，你準備好了應對方案嗎？我知道你會有，對吧！你必須擁有緊急應變措施、明確的緊急撤退路線、建立危機管理流程、準備好行動方案、備用設施、安排替補人員、確保替代收入來源；你一定要有一個計畫。

當然，大多數情況下，你可能永遠不需要眞正執行這個計畫。如果運氣好，這個計畫就僅僅是一個計畫，從未派上用場，但你必須要有這個計畫！

你可以抱有希望，希望這些事永遠不會發生，希望陽光永遠燦爛。有一次，績效考核委員問我，如果公司遇到重大炸彈威脅，我會怎麼應對，我回答說：「希望這只是場惡作劇。」雖然這讓他們笑了，但我並未因此加分。他們接著問：「那你的計畫呢？」我回答：「哦，我也有計畫。」這才勉強挽回了半分。記住，務必要有計畫，也要有滿滿的希望。

法則79

讓公司看到你支持它

樹立榜樣，大膽讚揚公司。

要讓公司看到你站在公司這一邊，你要做一些具體的事情：

- 買公司的股票
- 閱讀公司內部刊物——更進一步的話，乾脆去負責編輯
- 參與公司活動，給予支持
- 展現出對公司的關注
- 主動提問，表現出關心
- 讓公司注意到並記錄你的投入與關心

- 專注在你對公司帶來的價值，而不只是關心自己能獲得什麼
- 使用公司的產品或服務
- 在外面主動為公司說好話
- 練習正面評價公司——準備好隨時能回答「公司有什麼好？」這類問題
- 熟悉公司的使命宣言與經營理念
- 對公司的產品或服務瞭如指掌
- 了解公司歷史，包含創立過程、合併與收購、長期目標，以及關鍵人物（如創辦人等）
- 了解公司在社會上的地位及對社區的貢獻

無論什麼情況，你絕對不能詆毀公司。

「但是、但是、但是，」我聽到你在說：「這樣會不會讓我看起來像一個拍馬屁的人、唯唯諾諾、奴顏媚骨，是公司的喉舌？」不會的，只要做對就不會。如果你只是說些空話，表現得敷衍又不真誠，大家一眼就能看出你在裝模作樣，那你確實會變成公司的棋子。但如果你發自內心、有自信地支持公司，人們反而會受到你

的影響，進而跟著你這麼做。樹立榜樣，大膽讚揚公司，這種做法在職場上很少見，你會因此讓人印象深刻。不過關鍵是——你必須眞誠且有膽量。

「但是如果我對公司並不滿意呢？」那就離開吧，因爲這是一個雙向關係——公司聘用你，你爲公司工作；你付出，公司回報；你得到，公司也從你身上獲得價值。如果你對這段關係不滿意，那就應該離開，「分手」結束這段關係，去找一個更適合你的「伴侶」。你必須愛你的公司，把它看作一段關係，如果這段關係不佳，你打算怎麼做？忍氣吞聲，什麼都不做？我眞心希望你不會選擇這樣。

法則80 不要說上司的壞話

如果無法說好話，就保持沉默。

好吧，你的上司讓人厭煩，你討厭在一個卑劣之徒底下工作，並急於告訴所有人你的上司有多麼愚蠢。對嗎？不，完全錯誤。無論在任何情況下，都不應該說上司的壞話。或許整個團隊都知道你的上司很無能，他們也向你抱怨過，你會附和、同意他們的看法嗎？不，千萬不要，永遠不要這麼做。如果你無法說好話，就保持沉默什麼都別說。即使你的上司確實令人不滿（或者你認定他就是如此），都不要公開批評他。

你的上司就是你的上司，如果他真的糟糕到讓你受不了，那就別為他做事，去找別的工作。如果你選擇留下來，這就是你的決定，你必須堅持下去、接受、適應、支持，甚至相信這個選擇，否則你遲早會被折磨到崩潰。

如果你的上司是一個難相處的人，那麼你的責任就是扭轉這種局面：先爭取他的信任，讓他願意委派任務給你，接著放心把責任交給你，最終，你或許能取而代之。聽起來很簡單，對吧？當然沒那麼容易，但如果你認眞並投入，這就是你應該走的路。

注意你對上司的言論，以免這些話傳到他的上司耳裡，他們或許是你上司的支持者，對你的批評不會太高興，畢竟是他們將你上司放在那個位置上，你公開質疑這個決定會讓自己處於危險的境地。

我曾經有一位工作問題百出的上司，他酗酒且交往不愼，幾乎總是處於混亂之中。後來有人向總公司投訴他，總公司派人前來調查。包括我在內的十二位基層管理者都被問及他的行爲，我選擇不配合調查，什麼都沒說。一年後，這位上司依然在職，而我也還在公司，但其他十一位基層管理者全都走人了。結論：如果無法說出好話，就保持沉默什麼都別說。若你問，那位上司是如何倖存的？我不知道，但他顯然有足夠的人脈關係。而我又是怎麼倖存的？我也不清楚。不過他信任我，我則低調做事，專注在自己的工作上。他的行爲並沒有嚴重影響到我，而我也能應對自如。

法則81

不要說團隊的壞話

事情總有出錯的時候，批評團隊無濟於事，你需要從中學習並繼續前進。

既然不能說公司的壞話，也不能批評上司，「那我總可以批評我的團隊吧？」我聽到你這麼問。不行，至少不能在公開場合批評。在關上辦公室的門、確保無人打擾的時候，你可以默默地小聲發洩一下，特別是當事態惡化時，但除此之外，絕對不能說團隊的壞話。

把責任推給工具是缺乏責任感的表現。你的團隊是你完成管理工作的「工具」，如果你的團隊不稱職，是因爲你沒有把這個工具磨利、沒有上油、沒有清除鏽蝕、沒有修補裂縫、沒有更換耗損的零件、沒有檢查是否有損壞。

團隊一定會犯錯，這是無可避免的，事情總會有出錯的時候，也是必然的。你在是與人打交道，而人會偶爾就是會犯錯、情緒化、讓你失望、缺乏團隊精神、偷懶，甚至表現得完全正常。你若不提前預防並計畫好應對這些情況，你就是個傻瓜。事情會出錯，批評團隊無濟於事，你需要從中學習並繼續前進。

你應該「公開表揚讓組織更接近願景與策略目標的人」，而這些人就是你的團隊。如果你批評團隊，等於是聚焦於負面，只會讓他們陷入惡性循環。如果你稱讚他們，則會帶來激勵人心的感受。

批評團隊就是在批評你自己，等於公開承認自己是一個糟糕的管理者，所以別這麼做，因爲你不是。

法則82

上司指派你做的事情有些可能是錯的

有時候必須接受一個現實：有些上司根本不知道自己在做什麼。

就算你工作做得很好，也不代表所有人都一樣。有些上司的確無能，這是無可否認的。有時候他們會指示你去做一些匪夷所思的事情；有時候他們下達的命令離譜到讓你倒抽一口氣；還有時候，他們會要求你去做完全錯誤的事。此時你該怎麼辦？你有幾種選擇：

- 拒絕執行
- 離職
- 向工會、管理諮詢機構或相關行業組織尋求建議（如果你有加入的話）
- 向人力資源部門諮詢
- 向其他管理者請教
- 向你上司的主管反映
- 以書面方式表達你的擔憂
- 按照指示做，但心裡不停抱怨
- 按照指示做，但帶著愉快的笑容，甚至哼著歌曲
- 直接與上司坦誠討論你的顧慮

一開始，最明智的做法可能是私下找上司聊聊，面對面溝通，最好是在輕鬆的場合，例如喝杯咖啡進行輕鬆談話，不要讓氣氛太過嚴肅。表達你對他的指令有疑慮，不要把事情搞成個人化，別變成像是在攻擊人，也不要指責對方能力不足，解釋問題在你這邊，指令和上司都沒問題，但你對這個指令感到有點困擾。把決定權

還給他，讓對方來思考這個問題。如果他堅持，你在最後可以表達說自己仍然感覺不太妥當，希望再多花點時間諮詢意見。詢問是否能將該問題以書面形式記錄，並請他也這麼做。

有時候你必須接受一個現實：有些上司根本不知道自己在做什麼，而且他們不會改變，你只能忍受。當然，你可以選擇拒絕執行或乾脆離職，這完全取決於你自己。這條法則的重點就是：這種情況偶爾會發生，你必須接受它的存在。

法則83

上司有時候也和你一樣會感到害怕

你的工作就是減輕上司的痛苦和恐懼，讓他們安心。

可憐的上司們，他們也會感到害怕、疑神疑鬼、迷失、覺得自己不被喜歡，感到困惑、無助、脆弱，甚至孤單。你的工作就是減輕他們的痛苦和恐懼，讓他們安心。作爲一名管理者，你不僅要向下管理，也要向上管理。當你與上司互動時，絕對不能：

・威脅
・篡奪權力
・恐嚇
・施加壓力
・造成威脅
・不尊重
・質疑（除非符合法則82）
・削弱他們的權威
・嘲笑

相反地，你應該支持、背書、鼓勵、安慰、安撫、幫他打氣、緩解壓力，成爲他最可靠的支柱，分擔責任，守護陣地，最終或許有一天，你可以取而代之，由你接替他的位置。有些上司會因爲恐慌而無法做出決策，此時你需要爲他們做決定，並讓他們安心，就像對慌亂的病人說：「別怕，護理師來了，你可以去躺下休息了。」

法則 84

避免僵化的思維模式

我們很容易忘記，自己應該是一位具有創新力、創意十足、走在時代尖端的管理者。

當你埋頭工作，四面八方的事務接踵而來，你會很容易忘記，自己應該是一位具有創新力、創意十足、走在時代尖端的管理者，這種情形很常發生。我們過於專注眼前的工作，忘記自己其實可以創造、啓發、領導、激勵以及勇於說「可以」。當團隊提出新點子時，此時你可能已經筋疲力盡，因爲整天都被官僚體系、制度、天氣或通勤等各種挑戰壓得疲憊不堪，於是無論團隊提出什麼，你都本能地回絕。這種拒絕往往伴隨著潛臺詞：「別來煩我，我現在太忙／壓力太大／太煩躁，沒時間考慮這些。」這是你的寫照嗎？我敢說有時候是，我們每個人都有過這樣的時候。

因此，我們需要拋開束縛，抬起頭來，重新審視各種可能性並思考：「為什麼不呢？」以及「如果我們這麼做，會發生什麼事？」我們不能再被壓力和工作束縛住自己。

擺脫僵化思維的一個簡單方法，就是想像自己是一個剛從別處進來的陌生人，第一次接手你的工作、你的部門、你的團隊。你會做出哪些改變？又會保留什麼？試著從顧客的角度思考你的工作：什麼是合理的？什麼顯得不合邏輯？

我們很容易陷入細節的泥沼，忘了適時退一步，用全新的視角看待每天的工作。如果想成為最優秀的管理者，就必須保持敏銳，而不是步上恐龍的後塵——最後被淘汰滅絕。保持敏銳意味著對新點子、新建議、新概念和新方向抱持開放態度。

法則 85

表現得和「他們」一樣

如果你是中階管理者，言行舉止就應該開始如同高層管理者。

當你要進入自己的職位之前，你應該先開始練習，讓自己逐步融入。如果你是初階管理者，應觀察中階管理者的言行舉止，爲晉升做好準備。如果你是中階管理者，言行舉止就應該開始如同高階管理者。這方法適用於所有階層，一直到最高層。

當我第一次成爲一家公司常務董事時，差點忘記這條法則。我依然用高階管理者的方式管理公司，然而銷售業績並不如我所願。我負責公司銷售，卻始終無法接觸到關鍵人士。後來，我在某處讀到一句話：「國王只與國王對話。」於是我讓自己成為「國王」（在這裡可以把「國王」換成「常務董事」，你就會明白我的意思），結果，過去那些對我關閉的大門忽然敞開，銷售業績也超過我的預期。

如果你將來想成為一位「國王」，最好現在就開始練習。觀察任何職級比你高的人是怎麼做事的：他們如何接電話、與員工交流、穿著的風格、都在看哪些新聞或業界動態、如何上下班、在工作中做些什麼以及工作方式。

我最近遇到一家大型公司的常務董事，他對待員工非常親切、隨和，顯然受到員工的喜愛，而他本人也表現得相當放鬆。但是當我們進入談判時，他立刻展現出對工作極其熟稔的一面，能夠隨時提供精確的數據和資料。我觀察他，因為他是我未來的榜樣，我下個目標就是想努力和「他們」一樣。

不過記住了，不管你爬得多高，永遠都不能踩著別人往上爬。

法則86

有疑問就提問

只要以友好的語氣提問，通常很難讓人感到被冒犯。

爲什麼我們不更頻繁地發問呢？是擔心別人會覺得我們懂得不夠多嗎？其實，最聰明的管理者會不斷地提問，而且總能從中獲益。這並不是爲了特定目標所設計的策略，而是一種普遍適用的方式，能在各種情境中發揮作用。

首先，如果你多問問題，你會更了解你的團隊：「爲什麼你認爲我們的方法不對？」、「你覺得是什麼導致發票處理變慢？」、「如果是你，會如何應對這位客戶？」這些問題或許能引出你原本不會想到的解決方案，並且還能鼓勵團隊成員表達意見、提出建議，或分享新想法。

發問是在困境中脫身的經典策略。如果不相信，只要聽聽政客在面對咄咄逼人的記者採訪時的應對，會發現他們常用提問來回應。當上司要求你解釋某些棘手的情況時，你可以問：「你為什麼這麼認為呢？」或「這是客戶向你反映的嗎？」至少能為自己爭取一點時間，甚至有可能從對方的回答中獲取有用的訊息。

提問是一種巧妙的方法，能讓對方意識到自己的想法不切實際，又不會直接指出他們的荒謬之處。這在面對能力不足的上司時特別有用。與其說「這根本行不通」或其他雖然發自內心但可能引起衝突的話，不如問：「你期望這樣做可以達到什麼結果？」、「你認為設計團隊能應付這個要求嗎？」、「這如何提升我們的表現？」、「你認為這對銷售會產生什麼影響？」

只要以友好的語氣提問，通常很難讓人感到被冒犯。這種方法非常有效，甚至能讓他們自己意識到問題，而你根本不需要直接提出指責。

對於任何新提案，提出問題是很合理的，大多數人也都會這麼做。但真正少見的，是那些即使在專案進行中仍持續發問、甚至提出棘手問題的管理者，這能確保沒有任何細節被忽略。從現在開始，你要成為這樣的管理者。太多人在提案獲准或專案啓動後就放手不管，遇到問題才被動應對去處理，但如果你持續發問，及早發現問題的機率就會大幅提升，而不是等到問題眞正發生後才來補救。

法則87

要表現出你理解下屬和上司的觀點

減輕壓力的最佳方法之一，就是讓下屬和上司知道你理解他們的立場與觀點。

我們都曾當過下屬，所以都懂這並不輕鬆。你得接收來自各方的指令，有些指令的傳達方式讓你反感、心生不滿。

但當上管理者也未必輕鬆。你夾在中間，既要面對員工的抱怨，還要應對高層各種天馬行空的指示。你不再是單純的下屬，但也還稱不上高層。你像個夾心餅乾，夾在上下之間，承受來自上下兩邊的壓力。

減輕壓力的最佳方法之一，就是讓下屬和上司知道你理解他們的立場與觀點。可別只是敷衍地笑笑說句：「是的，我懂你的意思。」他們一眼就能看出你根本不懂。你必須眞正讓他們感受到：你理解他們的需求與期望、不滿與訴求、恐懼與願景——無論是向上還是向下，都要做到這一點。

在局勢逼迫、不得不選擇立場時，有時你必須站在上司那一邊，當然前提是他們是對的；你的下屬（即所謂的「團隊」）自然會對此感到不滿，尤其是當變革來臨而他們無法理解時，這種反感會更強烈。此時，你應該給他們機會表達自己的感受，讓他們知道你理解其立場，並耐心解釋高層這麼做的原因。

如果你夠優秀，終有一天你將學會如何用上司能理解的語言解釋基層員工的觀點，反之亦然。如果你能讓下屬理解高層的決策符合整體利益，即便不完全符合員工的自身利益，那麼你已經踏上成功管理者的道路了。

法則 88

要說有價值的話

你必須樹立標準，不管其他人能否達到這個標準。

多年前，我看過羅賓．戴（Robin Day）主持的《提問時間》（*Question Time*）節目，他向某位嘉賓提問，對方回答：「我只能重申剛才所說的……」，話還沒說完，羅賓．戴立刻打斷他說：「那我們就不必再浪費時間了。」然後轉向另一位嘉賓，讓第一位嘉賓錯愕不已。

我對戴的幽默時機和他表達的態度印象深刻。如果沒有新內容，爲什麼還要開口？然而，人們總是這麼做：不停重複之前說過的話，換個說法再講一次相同內容，甚至說出毫無意義的話。爲什麼？他們眞的認爲這樣有幫助嗎？又爲什麼認爲自己被邀請發言時，不需要提供任何有價值的內容？

記住，如果你想贏得別人的尊重，你應該先認眞傾聽他人的發言，仔細閱讀所提供的資料，研究背景，思考問題，並形成一個有根據的觀點。除此之外，你應該提出創新的解決方案、富有想法的建議、獨特的切入角度以及有建設性的意見。你是試圖讓人刮目相看，還是僅僅爲了開口？

你可以在會議上偷偷對發言者打分數（一到十分），看他們的言論對討論有多大幫助。這能讓你更了解自己的同事，而且你會發現，得分高的往往也是職場上發展最快且最出色的人。

那些沒有實質貢獻卻硬要開口說些無用之語的人，他們不只沒幫上忙，還在浪費大家的時間。我參加過許多會議，如果能剔除毫無價值的冗長發言，就可以大幅縮短會議時間。無價值的發言完全不符合乎管理的法則，絕對不能讓自己變成這樣的人。你必須樹立標準，不管其他人能否達到這個標準。而且你可以確信，儘管有些同事可能對此毫無察覺，但你的上司一定會注意到，因爲你的發言總能帶來價值，所以他們知道你是值得他們傾聽的人。

如果你眞的沒有任何有幫助的話要說，或者你已經發表過意見，卻再次被要求發言，此時就禮貌地說明你沒有新看法，或沒有什麼可以補充。

法則 89

不退縮，堅守立場

如果你對自己的工作充滿熱情，那麼捍衛自己認為正確的事情並不難。

有時候，你非常確信自己是對的，在這種情況下，你可能需要堅持立場，準備好據理力爭或是保持沉默。你必須願意為自己所相信的事奮戰。如果你對自己的工作充滿熱情，那麼捍衛自己認爲正確的事情並不難。

你不必咄咄逼人，只需要堅定。如果有人欺壓你，就大聲清楚地說出來，一旦對方發現你不會默不作聲，便會立刻退縮。

你不必無禮，但一定要堅定不移。如果有人散播關於你、你的團隊或你的工作表現的不實謠言，就直接找他們當面談話，清楚表明立場：「我聽說你在散布某些謠言，這不屬實，我希望你能停止。」

你不必憤怒，但要自信並準備充分。如果有人總是挑你毛病，像是「這行不通，我們以前試過，結果失敗了」，那就堅持立場，不退縮地回應：「是的，這裡有資料顯示上次為何會失敗，這裡有我的報告，可以說明這次為何可行，以及與之前的不同之處。」

你不必賭氣，只需充滿動力。如果你的上司沒有給予你應有的回饋，就繼續主動爭取，可以詢問他：「我可以如何改進，讓表現更好？」、「你拒絕了我的加薪要求，我該採取哪些方法才能達成這個目標？」、「你覺得一年後我會在哪個職位？」、「我們可以做什麼來提升業績？」持續將問題拋回給他們，直到他們能給你適當且有價值的回答。

你不必爭辯，但要懂得圓融處理。如果你的上司暗示你鋌而走險，不必直接拒絕讓局面陷入對立，可以說：「嗯，如果媒體或審計師得知此事，我們要如何處理？」這樣一來，你既沒有直接拒絕，也沒有順從對方，而是堅守立場的同時，給了對方一個臺階下。這樣他們就不必非得堅持己見，能夠以更體面的方式收回自己的提議。

法則 90

別搞辦公室政治

每家公司都有一些不靠手段也能踏實完成工作的人，要盡量與這些人為伍。

政客們是拿薪水從事政治活動的人，而你不是政客，你是管理者，你管理的是流程和專案，不是管理人，人們會自我管理。當然了，有些人可能會偏離正軌，開始玩弄政治手段，但你不需要陪和他們一起玩。這就像在鐵軌上玩耍，遲早會被火車撞上，受傷的只會是自己。

玩弄政治手段，本質上就是利用他人來達成個人目的，而如果你眞的很會搞政治，那麼你的行爲必然是令人不愉快、自私、狹隘且充滿小心機。政治操作通常伴隨著威脅別人、詭計、撒謊或使用其他不誠實的手段來完成任務，這讓人無法做自己，也無法眞誠對待他人，這種行爲實在很糟糕。好了，我話說到這裡，我想你已經明白我是怎麼看待辦公室政治：它眞是壞透了。

你應該「愛鄰人，但也要選擇你的鄰居」，盡量與那些不熱衷於辦公室政治、行事端正的人來往。

試著參與不太受矚目的專案，因爲這類專案通常競爭和關注較少。同樣地，較不受歡迎的團隊或部門也是如此——你可以在這些地方發光發熱，而不需要時刻與人爭鋒相對。每家公司都有一些不靠手段也能踏實完成工作的人，要盡量與這些人爲伍。

持續分享資訊，這能讓熱衷玩弄辦公室政治的人失去操控機會。與所有人保持友善，這樣就不會被指責搞小圈子或排擠同事。

雖然你不打算參與政治遊戲，但仍需要保持警惕，因爲這種事情確實存在，你必須隨時準備妥善應對。注意那些隱藏的動機、別有用心的隱瞞、惡意中傷、謊言、流言蜚語（通常是惡意的）、暗示你能力不足的微妙言辭、爭權奪利的手段、私下竊竊私語等。運氣好的話，你可能不會遇到太多這類情況，若眞的碰上，要及早制止。然而，有些行業特別容易滋生這種惡劣行爲，要完全杜絕並不容易。拒絕參與政治遊戲，並爲自己建立聲譽，讓大家知道你爲人直率、不搞手段、不玩政治遊戲、誠實、坦蕩、公正、單純，你沒有什麼複雜。

法則91

別批評其他管理者

如果你拒絕參與辦公室政治鬥爭，你會被視為誠實且值得信賴的人。

之前我們討論過，競爭能激勵你、鼓舞你，而你永遠不應該害怕競爭。我們當時談的競爭是來自其他產業和組織。

那麼同事和其他部門呢？同樣適用。不必害怕任何人或任何事。如果你對自己的工作有自信、夠大膽、有創意、反應靈敏（我相信你就是如此），那就沒有什麼好害怕。如果你拒絕參與辦公室政治鬥爭，你會被視爲誠實且值得信賴的人。你不應該批判、暗示、詆毀、譴責、評論或抱怨你的同事或其他部門的人。

如果你這麼做，你會被視爲軟弱或表現不佳的人。當然，別人會這麼做，並且有時看似得到了好處。但他們能睡得安穩嗎？他們能心安理得地說自己喜歡這份工作嗎？還是其實害怕有人會像他們陷害別人一樣來陷害自己？我與不少這樣的人共事過。他們不停地吹噓自己多優秀，其他人多糟糕，但私底下卻心生畏懼，因爲他們知道，那些被他們批評的人其實比自己更優秀。

就算有人指出你的缺點，並不會降低你的身分，不是嗎？而如果你看到另一位「國王的新衣」，也沒有必要指出他被愚弄了，因爲沒有人會因此感激你。

我曾有一位主管，他不斷抱怨其他管理者有多差。有趣的是，他指出的每一個缺點他自己也有，我們都覺得很可笑，因爲對我們來說再明顯不過了，唯獨他自己看不到。他無法意識到自己其實在暴露自己的缺點。

法則 92

分享你所知道的事

一些管理者會把分享視為威脅，簡直太愚蠢了。

這條法則是關於如何指導那些知道的事情比你少一點的人。他們不需要知道太多，而你也不需要知道那麼多。但如果你願意分享自己所知的一切，他們就會知道得和你一樣多。

一些管理者會把分享視爲威脅，簡直太愚蠢了。因爲你是在培養一位能分擔你工作的人，也是在你晉升後能接替你的人。

有些管理者覺得分享不自在，因爲他們認爲自己知道得不夠多。當你在學校學習英語時，英文老師只需要懂文法、子句和標點符號這類基礎知識就夠了，你不需要一位獲獎小說家或諾貝爾獎得主，只需要一位普通的英語老師就足夠。

那麼，你應該與你的團隊分享什麼呢？很簡單。任何能幫助他們把工作做得更好的東西：資訊、策略、計畫、技能、點子、相關研究資料、人脈，甚至午餐，只要是可以讓他們對你和對自己更有幫助的工具，就盡量給他們。

與同事分享同樣重要。你給的越多，回報就越多。假設你分享了一則訊息給其他二十位管理者，即使只有一半的人慷慨地回報你，你將獲得十則新訊息來豐富自己的資料庫。想想看，他們每人只增加一則，而你卻增加十則，這是簡單又聰明的策略。他們通常會與你分享，但不會與彼此分享——別問我爲什麼。也許他們覺得欠你人情，但不覺得欠其他人。

法則93

別恐嚇

在一個以獎勵而非威脅來推動事情的公司工作，無疑是很美好的。

身爲管理者，毫無疑問會擁有權威與權力。這將是你能成爲優秀管理者與其他糟糕管理者之間的區別之處：你知道如何運用這種權力，並且不會濫用它。

身爲管理者，員工會尊敬你，甚至有些會害怕你。你掌握著他們的職位、工作內容和職涯發展的權力，他們在與你打交道時會意識到這一點，而你必須設法讓他們信任你。你要保持行事一致，讓他們隨時都清楚知道自己與你的關係、立場，不會因爲你突如其來的改變而受到驚嚇。你絕不能利用職位來恐嚇你的團隊。

有兩種方法可以讓工作達成目標：恐懼和獎勵，而許多管理者選擇了前者，因爲他們缺乏自信，感到不安和不確定。我相信你和他們不一樣，他們對自己缺乏自信，這種不安會反應在對員工的威嚇或霸凌態度上。我們應該同情他們，又或者，如果我們正好在這種老闆手下工作，應該試著幫助他們接受更好的培訓。或許，把這本書隨意放在他們會「不小心」看到的地方？

許多管理者不知道，他們的態度會成爲員工彼此相處以及對待客戶的標準。如果員工看到一位友善、樂於合作、充滿自信且值得效力的主管，這種態度會產生影響力，讓他們也用相同的方式對待同事與客戶。

用這樣的方式工作，生活會變得更輕鬆、更有效率。在一個以獎勵而非威脅來推動事情的公司工作，無疑是很美好的。

法則94

遠離部門間的戰爭

即使是董事，有時也會表現得極其幼稚。

我曾同時為兩位上司工作，他們都是公司的董事，彼此互相憎恨。每個人都有自己的盤算，各自發動了激烈的鬥爭，把我們這些經理和員工當作士兵、棋子和炮灰，這一點也不愉快。如果你只在其中一位董事的職責範圍內工作，那會輕鬆些，因為你只有一位上司。但如果你像我一樣，經常需要在兩位董事的業務範圍之間穿梭，那生活就變得難以忍受。

這兩位董事互相推翻對方的指令，對彼此要手段、不願對談，行為舉止就像小孩子。我很快學會了當個外交官和戰術家。一位董事在樓上辦公，另一位在樓下，我被派來派去、上上下下，然後學會在樓梯中間先停下來，直到他們忘了當下那場部門戰爭的細節，我再繼續行動。有時候，我會巧妙地利用他們的對立來達成自己的目標，雖然這樣做其實很調皮。

這是我經歷過最糟糕的情況之一，但我也在一些公司見識過極端的部門競爭，嚴重影響生產力，讓員工長期處於緊繃狀態，並因此助長了高流動率。你或許會以爲董事們應該要出面制止，但從我前面提到的例子可以看出，即使是董事，有時也會表現得極其幼稚。

你千萬不要走上同樣的路。聽我的建議，盡量遠離這些鬥爭。對所有的互動都保持坦誠開放、誠實、直接，如此就能建立良好的聲譽，也沒有人能指責你耍手段或做事不光明磊落。

法則95

為你的團隊奮戰到底

沒有團隊，你就如同一張等待書寫的空白紙張。

你的團隊是你完成工作的重要工具，無論是怎樣的工作。沒有你的團隊——無論是一人還是成千上萬人，你什麼都不是。沒有團隊，你就如同一張等待書寫的空白紙張。你必須支持你的團隊，讚美他們，爲他們而戰，必要時甚至爲他們奮戰到底。

一位優秀的管理者（已經不用說是誰了，對吧），正是透過成爲團隊的啦啦隊長來獲得忠誠與尊敬——沒錯，說的就是你。

你必須讓團隊成員看到，你不僅是他們的導師、領袖、守護者和保護者，更是他們的擁護者、英雄和捍衛者。如果有人批評他們，你會站出來爲他們辯護；如果有人想占他們便宜，你會立刻出面保護他們。

當然，你也可以選擇將他們當成是「替罪羔羊」（犧牲他人來解救自己），看看會帶來什麼結果。但有不少管理者似乎認爲這才是聰明的做法，是正確的選擇。你怎麼看呢？我曾與這樣的人共事過，相信我，他們流失員工的速度非常快。

如果你的員工曾看過你爲他們挺身而出一次，他們就會知道你是眞心爲他們著想的。他們會相信，如果有什麼不公平的事強加在他們身上，你會站出來替他們說話。這也意味著，如果你接受公司的某項決策，他們很可能也會跟著接受，這能讓整體的工作更加順暢。

法則96

追求被尊重，而非被喜愛

你必須營造一種神秘感、一種權威的氣場。

天啊，那種想當你的好朋友、裝熟、想和你打成一片的主管，眞的讓人受不了，不是嗎？我們都遇過這樣的人，他們自己尷尬，團隊也跟著尷尬。你應該追求的是保持一定的疏離感，追求被尊重，而不是被喜歡。

想想看，你希望你的團隊全力以赴，而不是和你擁抱或一起去酒吧喝酒；你希望他們把你當成領袖，甚至神一般的存在。你必須營造一種神秘感、一種權威的氣場、自信與友善共存的氛圍，不能表現出你急切渴望被喜歡，你必須保持距離。

有一天，你可能必須解僱其中的一些人，別讓那時的自己更難受；有一天，你可能需要提拔某些人，而你也不希望被認爲在偏袒誰。

團隊必須仰望你、尊重你，把你當作榜樣。如果他們曾看過你在星期五晚上喝得爛醉，在酒吧地板上打滾，他們還能如此嗎？如果你試圖和他們過於親密，就難以創造神秘感。保持距離，他們不會覺得你冷漠，反而會尊重你給他們的空間。

也要保持肢體上的距離：不要拍背、擁抱、親吻、摸頭髮（以前有位主管這樣對我，我討厭這種舉動，也討厭他，雖然那時我很年輕，但這不應成爲借口）、比腕力（輸了你會失去所有尊重，相信我）、辦公室足球或任何形式的肢體接觸。無論何時都要保持你的尊嚴以及你的風格、可信度、理智與權威。

法則97

把一兩件事做到最好，其他的盡量避開

選擇你的專長，真正精通並做到極致，把其他的事交給別人來做。

眞正優秀的管理者是專家。你不可能做所有事情，也不可能做每個人的工作，你每天最多也只能完成幾件事。最好的方法是選擇你的專長，眞正精通並做到極致，把其他的事交給別人來做。在我的公司裡，大家的職責分工非常明確，我自己則是盡量少做。我認爲管理者越優秀，就越少親自動手做事；這全靠你的委派授權能力。

我專注在自己擅長的事，基本上就是與其他管理者交流溝通。我不做銷售，但我會爲銷售人員開拓客戶；我不處理重要客戶，但我會建立聯繫，讓我們的主要人員去跟進，我也負責監督會計團隊。我的「一兩件事」就是替團隊安排業務會議，以及掌控公司整體的風格：品牌形象、企業識別和市場定位。我管理公司，但我不處理產品。

我了解自己的局限。我知道自己擅長什麼、不擅長什麼。我對細節、例行公事、秩序和日常瑣事等方面不在行，但我擅長突發的、非典型的、有趣的、以人爲本的專案。我不認爲自己擅長的事比較高明，也不認爲自己不擅長的事就矮人一等。事實恰恰相反，我羨慕那些井井有條、專注細節、喜歡從頭到尾完成專案的人，也羨慕那些總能清空收件匣、辦公桌永遠整齊的人。

你擅長什麼？不擅長什麼？如果要你用一句話來描述你能做得最好的那一兩件事，你會怎麼說？

法則98

去詢問大家對你的回饋

千萬不要先對情況做出評價，要讓對方告訴你哪裡好、哪裡不好。

通常我們不會四處尋求認可，因爲我們可以依據直覺行事，也知道自己什麼時候做得好，但回饋永遠是好事。你應該從同事、競爭對手、團隊、上司和客戶那裡尋求回饋。你尋求的不是讚美、認同或喜愛，只是單純的回饋。記住，從清潔人員到執行長，大家都是同一個團隊的一員，都朝著相同的目標前進，都揮舞著相同的旗幟，至少應該是如此。

你尋求回饋是爲了：

- 找出你的優點和缺點
- 將回饋與「自我評估」做比較，確保你對自己評估的準確度
- 從你犯錯和做對的情況中學習，以便下次做得更好
- 確認需要你負責並採取行動的問題範圍
- 檢視你的團隊表現，作爲自我評估的補充資訊

看吧，這與讚美或認可（或關愛）無關，而是爲了對某個情況或專案進行務實的評估，讓你能夠學習並繼續前進。

那麼，要怎麼詢問回饋呢？向團隊成員詢問是最簡單的：「我們這次表現如何？」他們會告訴你的。接下來是你的上司：「老闆，我這次做得怎樣？」這也不難。

客戶呢？也簡單：「我們有什麼地方可以改進服務／產品／交貨時間／規格／提案嗎？」他們也一定會告訴你。

同事呢？就直接問：「你能給我一些關於這次搬遷的回饋嗎？」或者「你覺得我們這次展覽辦得如何？」或者「能不能給我一些回饋，關於這次削減成本的做法

／新的會計流程／暑假期間的人力安排／新的遊樂設施？」

不要用這種話開場：「能告訴我哪裡做錯了嗎？」或「我知道這次搬遷搞得一塌糊塗，但我不清楚問題在哪裡。」更糟的是：「拜託幫幫我，我知道自己做錯了，但沒人告訴我錯在哪裡。」千萬不要先對情況做出評價，要讓對方告訴你哪裡好與哪裡壞。對所有回饋都點頭表示接受，然後說聲「謝謝」，接著就往下一步走。

法則99

維持良好的工作關係與友誼

如果你總是帶著愉快的樂觀態度面對每個人，你會發現他們別無選擇，只能以同樣的方式回應你。

我有一位朋友有句口頭禪，他常說：「我看不出這哪裡有禮貌。」當有人在會議上打斷他或搶走他的點子時，他就會說這句話。我喜歡這句話，因爲它說出了人際關係不佳的問題點。良好的禮貌——多麼簡單的概念，卻是多麼深遠的課題。

只要你保持良好的禮貌，在工作上維持良好的人際關係與友誼並不難。這不是說你一定要爲別人開門或幫他們提行李。良好的禮貌是指保持分寸、親切、有溫度、有同理心、樂於助人、友好，就像你對待客戶時該有的態度，或者說，你應該是如此（我相信你是這樣的人）。

當你面對的是你不喜歡的人、曾經與你發生過衝突，或對你無禮、態度惡劣的人時，這件事就變得很困難，但正是在這種時候，這項能力才最重要。即使是最無禮和最難相處的人，當你對他們保持友善、微笑、坦率的態度，他們就很難繼續無禮（尤其是你願意誠摯地稱讚他們在某個領域的專業——當然前提是在有所依據且恰當的情況下）。

試著把同事看作和你一樣溫暖的人。如果你總是帶著愉快的樂觀態度面對每個人，你會發現他們別無選擇，只能以同樣的方式回應你。當你能幫忙時就主動伸出援手。平等對待每一個人，事實上，他們本來就和你是平等的。尋找別人身上的正面特質，找出你欣賞或尊敬之處，並把焦點放在那裡。無論是面對基層員工還是最高階的主管，對每個人都要一視同仁，以尊重與禮貌來對待。

法則100

和顧客建立雙向的尊重

不要欺騙或對顧客撒謊，因為你需要他們。

有一天，我在收音機上聽到一位雙層玻璃銷售員的發言，他談論顧客的方式讓我覺得他和顧客根本像是不同的物種。他以居高臨下的態度講話，帶著輕蔑、侮辱、貶低和嘲笑的意味。他似乎認爲欺騙顧客是合理的，他說，看不看細節條款是顧客自己的責任，如果沒看，就是自己愚蠢。

因爲這種態度，我對這種人一點尊重都沒有，再加上他們總是在我和孩子吃晚餐時打電話過來。我有一套懲罰他們的方法，包括假裝聽不見讓他們大聲喊、說這必須找我父親，還有把電話放在一邊不掛斷，直到他們感到無趣自己掛斷爲止。

不要欺騙或對顧客撒謊，因爲你需要他們。這是一種雙向的關係，而且是很重要的關係。顧客從來不是麻煩，他們提供了我食物、衣服、汽車和美好的假期，爲什麼我要欺負他們呢？相對地，我爲他們提供娛樂、樂趣、優質產品、一個讓他們體面的品牌、一種可供選擇的生活方式，以及與一家充滿活力的公司互動所帶來的愉悅體驗。我尊重他們給我的一切，他們也尊重我提供的一切。

法則101

為顧客多做一點

沒有顧客，我們做的一切都是無用的。

這是所有法則中最簡單的一條。「多付出一點」應該是你早晨醒來和晚上入睡前的第一件和最後一件事情。你所做的一切，都應該是爲了讓工作再往前推進一點。

問題是，顧客有時讓人很頭疼。他們要這個要那個，要求苛刻、很難搞、愛抱怨、大半夜打電話、期望超越標準的服務，還覺得整個公司就是爲了他們存在的：抱怨我們把客服中心移到印度，想要折扣、贈品、買一送一、不滿意就退款、更換產品、保固、安全檢驗、無害產品。天啊，他們以爲自己是誰？

有共鳴嗎？是不是似曾相識？我曾在不同的行業工作過，大家對顧客的看法是：顧客不是「上帝」，是「麻煩製造者」。

在這裡，我們需要澄清一件事：沒有顧客，一切就沒有意義；沒有必要上班、沒有必要製造產品、沒有必要創造任何東西、沒有必要做任何事情。沒有顧客，我們做的一切都是無用的。

重點說完了。現在我們明白顧客的重要性，就得開始思考如何吸引他們、留住他們、滿足他們、歡迎他們，並爲他們多做一點。我們不必卑躬屈膝，但確實需要有創意地去吸引他們。留住現有顧客的成本遠低於開發新顧客，想留住已有的顧客，就要對他們好一點。來個小練習：現在立刻想出三種你可以爲顧客多做一點的方法。

法則102

意識到你肩負的責任

你捫心自問，能否心安理得地說你的管理角色「光明正大」？

作爲管理者，你要對團隊成員負起責任：你必須確保他們在你的管理下不會受傷，你要確保他們安全、健康、受到妥善照顧，有良好的食物和飲水，工作環境舒適，遠離有害物質和設備，如果必要，還要確保他們穿戴合適的安全裝備。

同樣，你對環境也有責任。你不能做任何會造成傷害、帶來長期破壞、危及他人健康或生命安全的行爲，也不能讓土地的使用狀況產生惡化。你不需要成爲環保鬥士，但確實有責任避免造成傷害或破壞。你捫心自問，能否心安理得地說你的管理角色「光明正大」？

你必須堅守一些原則：你不會造成任何損害或破壞；你必須劃出一條界限，並且堅決不跨越；你要有所回饋；你必須留意自己周遭發生的事；了解你所屬的產業對環境帶來的貢獻或損害。

這些不是童話故事、嬉皮思想或什麼因果報應的宗教信仰，這些是眞實的事情。你付出得越多，收穫也會越多。做個正直的人，晚上才能安心入睡。這不失爲一種值得奉行的人生哲學與管理理念。

法則103

始終坦率並說實話

作為管理者，你被賦予了一個特權地位——一種信任與榮譽的職責。

這條法則延續前一條法則。當然，如果你覺得上司是個笨蛋，也不必直接去告訴他，這樣的誠實就太過頭了。但不要說謊、作弊、偷竊、濫用、詐騙、占便宜、耍手段、敲詐、妨礙或使情況惡化。

作爲管理者，你被賦予了一個特權地位——一種信任與榮譽的職責。你對眞正的生命負責，是實實在在的人命，如果你搞砸了，有人可能會受傷。他們在你手下工作了一整天後回家，繼續生活、呼吸、感受、愛、受傷、做夢和懷抱希望。若你讓他們感到失望、冒犯他們、傷害他們、欺騙他們，這些負面情緒會被他們帶回家並影響到他們的家人和朋友。你必須始終對他們說實話。如果你說不出好話，就保持沉默，但千萬不要說謊。

不要對你的上司說謊，他們僱用你不是爲了讓你欺騙他們。他們僱用你是希望你坦率並說實話。如果你無法達到業績目標，不要掩飾問題，直接告訴他們，他們才有辦法採取行動來協助你，或因應可能因此所產生的連鎖影響。上司可能會感到失望，但他們會感激你提前提醒。知道眞相總比抱有希望卻最後失望要好得多。

不要對客戶說謊。當然，這方面的確可以用一些「藝術性的表達」。如果客戶問你的產品是否比競爭對手的更優秀，你不需要說謊，因爲它們確實優秀，不然你早就在競爭對手那邊工作了，不是嗎？但如果他們問某項產品是否銷售成功，而實際上並沒有，你可以採取比較有創意的說法。與其說：「這款產品賣得很差，不過我們希望你能幫忙清掉庫存。」不如說：「目前的銷售情況出乎我們的預料，但仍有很大的成長空間。」

法則104

不要投機取巧，終會被發現的

如果我們都必須對自己在工作中的行為承擔個人責任，也許一切會變得更好。

也許你是製造飛機的，你會偷工減料嗎？用劣質金屬來做機翼？用廢料場的引擎來代替嗎？我想不會的，你很快就會被揭穿。現在有越來越多的案例顯示：有人因爲某項產品的缺陷（不論是設計問題、製造瑕疵，還是因爲削減成本的結果）而受傷，負責的管理者被告上法庭。我認爲這是對的。如果我們都必須對自己在工作中的行爲承擔個人責任，也許一切會變得更好。好了，我抱怨完畢。

也許你不製造飛機，也許你不製造任何實體產品，也許你只是寫寫電腦程式，聽起來既安全又無害，對吧？你應該傷害不到任何人，對嗎？眞的嗎？你確定？請仔細思考。想清楚最壞的情況，準備好面對這個事實：無論我們身爲管理者在做什麼，我們都要爲某些人或某些事負責，而那些人或事都有可能因此受到傷害、破壞、心靈迫害、困擾，甚至喪命，任何情況都有可能。

投機取巧是不值得的，你終究會被發現的，這是墨菲定律。我知道，有時你可能會陷入兩難境地，一方面是上司的指示，另一方面是你的原則告訴你這是瘋狂的決定，但你需要這份工作，要付房貸，閉上嘴裝作沒事會比較輕鬆；但事實並非如此，你會被揭穿的。

你得千方百計向上司證明，投機取巧是毫無意義的。像「如果媒體或稽核單位知道這件事，他們會怎麼想？」這種說法往往能產生奇效。同樣有用的還有：詢問公司買了什麼保險，或法務部門對這次削減成本的行動有什麼看法。若對方回答：「我沒找他們確認過。」你可以拍額大叫：「喔不，我竟然和瘋子共事。」幽默的表達或許可以讓對方意識到自己越界了，該重新思考一下。

法則105

找到合適的傾訴對象

你需要一個值得信任、懂得保密、判斷力讓你信服的人，而且對方願意花時間聽你說話。

管理並不容易。我的意思是，有時一切都順風順水，但遲早你會遇到棘手的問題：應對難搞的人、找到解決挑戰的最佳方式、或是決定如何最有效地分配預算。

你需要的是另一雙耳朵：一個傾聽的對象。這個人需要了解情況，所以很可能得是公司裡的人。但另一方面，你不應該和職位較低的同事討論這些問題，尤其當內容牽涉到其他管理階層時更是不妥。但有時你也不想和上司談這些，特別是問題本身就是你的上司，那就更不合適。

找到合適的人選可能有點棘手，但你需要有意識地尋找可以傾訴的人。否則你會發現，有些挑戰變得比實際上更難應對，而且你也可能因爲太過沮喪，最後把話說給了不該聽的人知道。

最理想的選擇，通常是和你同等資歷，但在不同部門的管理者。你需要一個值得信任、懂得保密、判斷力讓你信服的人，而且對方願意花時間聽你說話，如果他總是無暇顧及你，那也沒用。當然，最理想的情況是這段關係能夠互惠。你們彼此支持，這樣在信任上會更加平衡。如果對方也向你傾訴過，就不太可能把你說的話轉告給你的上司。

你不必只限於一個傾訴對象，但如果你把工作中較爲機密的內容跟一大堆人討論，那肯定行不通。即使他們全都懂得保密（這也幾乎不可能），不過如此一來，每個人都會知道你內心最深層的擔憂與弱點，這可不是你想要的。然而，你可能會發現有幾位同事在特定問題上很有幫助，也許某位在處理人事問題上特別有一套，另一位對策略有清晰的頭腦。有時候，組織外的人反而能提供你不同的觀點，因爲他們不像你一樣陷在細節裡；可能是你的伴侶、密友、母親或前同事。總之，找一個能讓你換個角度看事情的人。

法則106

掌控局面，主動擔當

有一位優秀、堅強、具主導力的管理者帶領，團隊往往走得更遠，因為大家知道有一位船長在掌舵。

你是一名管理者，那就要眞正去管理。管理就是管理好工作：讓工作有效率、掌控局面、擔起指揮的責任。

現在似乎有一種新風潮，管理者害怕擔起指揮的角色。他們不太願意掌控局勢，擔心會讓團隊反感，或被指責爲獨裁者，但事實恰恰相反。有一位優秀、堅強、具主導力的管理者帶領，團隊往往走得更遠，因爲大家知道有一位船長在掌舵；沒有船長，我們就會在茫茫大海中迷失，感到害怕和彷徨，隨時可能會觸礁。某種程度上，船長是誰甚至都沒那麼重要，只要有人穩穩地握著舵。我們都知道，其實眞正操作的是大副，但如果沒有一位確實在掌舵的船長，大副也無法正常工作。

你要成爲團隊的英雄，也要成爲上司的得力副手。你必須具備這些傳統但重要的特質：

- 誠實
- 可依賴
- 堅強
- 值得信任
- 眞誠
- 忠心
- 堅定不移
- 全心投入
- 負責

哇，這要求很高，是一項艱鉅的任務，但回報將是極大的。如果你能做好這份工作，遵守規則，誠實行事，成爲一名管理者會是一份極好的工作。

法則107 為公司當個稱職的外交官

當你必須扮演外交官的角色時，你會開始思考公司所代表的價值是什麼。

我希望你不必拍馬屁才能成爲公司的外交代表，但你確實應該扮演這樣的角色。你工作的公司有時會讓你抓狂，有時又會讓你十分滿意。如果你能遠離組織內的政治和勾心鬥角，那你就很不錯了。要接受每家公司都有優缺點的事實。把注意力放在那些好的部分，並且對公司有眼光聘用業界最優秀的管理者（也就是你）感到無比自豪。

無論走到哪裡，無論做什麼，都要對公司保持正面言論。這些話會回傳到公司總部，這會讓你更加自豪，因爲沒有什麼能比自豪更可以激發驕傲的感覺（這是個良性循環，不是惡性循環，或可稱之爲「善意的循環」）。

如果你接到投訴，接受它，告訴對方你會調查並回覆，然後確實去做。

當你必須扮演外交官的角色時，你會開始思考公司代表的價值是什麼，這也會讓你思考自己對公司是否滿意。如果你對公司滿意且引以爲榮，那就眞是太好了。但如果你有疑慮，也許就需要進行一些自我反思，再決定是否繼續走下去。不要立刻就放棄，或許你在內部更能發揮影響力，從裡面改變現況更有幫助。

就像你願意爲顧客多付出一點一樣，去找出爲公司多做一些事情的方法。這並不代表你要當個唯唯諾諾的人或馬屁精，或是任人踩踏的墊腳石。你完全可以堅強、自豪、獨立，甚至帶點叛逆，同時仍然是公司稱職的外交代表。

Part 3 創業的法則

The Rules for Entrepreneurs

如果你正在思考、規劃，或現在只是單純夢想著要創業，我希望你已經充分吸收了這些管理的法則，但先別急著鬆口氣，接下來還有一些專門給創業者的法則。

當你經營自己的事業時，你的思維方式必須與爲別人工作時完全不同。很明顯，你需要了解不同的領域，也許你從來不需要考慮財務、生產或銷售，不過現在全都得懂。但不只是這些而已，你還得從一個截然不同的角度來看待整個事業。

創業是一件令人興奮不已的事——至少對我來說是如此，你會很容易就沉浸在新產品、新服務或新市場的熱情之中，這當然無可厚非；然而與此同時，你必須保持清晰的管理思維，並且要很快地學會停止用管理者的角度思考，而是開始用「創業者」的角度來看事情。

創立初期有非常多事情需要學習，這正是創業過程中最有趣的部分之一。市面上也不乏各種實用的建議可供參考。這些年來我認識、觀察並與許多創業者共事，我發現一套創業的法則，能夠明確區分那些經營得開心又成功的創業者，與那些創業之路總是舉步維艱的人。接下來你將看到這些珍貴的創業精華——成功的創業者遵循這些法則，而失敗的人則選擇忽略它們。

法則1

別借錢

差別在於，最終他們確實把辛苦賺來的錢收入自己口袋裡。

你可能會質疑這條法則，你是對的。它更像是一種理想目標，而非絕對的法則。我明白，有時你可能有一個很棒的商業構想，但所需的資金遠超過你個人能承受範圍。然而，我還是想勸你，除非別無選擇，否則盡量避免這條路。

我有個朋友和夥伴共同創業。他們的創意很出色，成功吸引了創投資金，並成立了公司。公司發展得非常好，六年後他們賣掉公司，賺了六百萬英鎊。然而，大部分的股權是創投所擁有，我的朋友最後只拿到幾十萬英鎊，雖然不錯，但遠遠比不上那些投資人賺得多。

另一位朋友與三位夥伴創立公司，他們各自投入四分之一的資金，從小規模開始做起，並把賺到的利潤再投入公司裡。經過多年的努力，他們的公司成功且廣受讚譽。二十年後，他們以四千萬英鎊出售這家公司，最後他們拿到全部收益。當然了，他們需要繳稅，還有一些法律顧問和會計費用，但最終他們確實把辛苦賺來的錢收入自己口袋裡。

即使你選擇貸款而不是出售股份，之後也得償還這筆貸款，而利息也會吞噬你的利潤——這筆利潤本來是可以再投資回公司的。儘管如此，貸款幾乎在所有情況下都比創投資金好得多。

我承認，有些商業構想確實需要大量資金支持，否則根本無法啟動，別無選擇，除非放棄創業。即使最後你賺到的錢較少，你仍然會享受創業的這段過程，以及掌握主導權所帶來的自由。等到你出售公司時，就算只能分得一小部分收益，你至少還是留下了一些成果。我不是說如果沒辦法自己出資就絕對不該創業，但你要明白，這可不像許多書籍或顧問說得那般簡單、毫無風險。

在尋求外部資金之前，務必先把所有其他選項都仔細評估一遍。如果你決定向家人借錢，也請認真思考失敗後會帶來的影響。同樣，千萬不要在沒有伴侶完全支持的情況下，將房產、畢生積蓄、繼承財產或其他類似資產投入新的創業計畫中。

我上面提到的兩個例子，那兩間公司其實是在相同的行業。第一家公司一開始就想在市場上大張旗鼓，推出多樣化的產品；第二家公司也有同樣的想法，但因爲他們選擇自籌資金，只能從一項產品開始起步，而且產品成功了，然後他們用利潤再增加兩項產品，如此循序漸進。看看這種做法帶來了多大的差異：當他們把公司賣掉時，可以選擇退休，而前面那對創業夥伴則還得繼續工作。

所以，在尋求他人資金來支持你的事業之前，一定要非常確定眞的沒有其他選擇。辛苦打拚好幾年，最後在出售公司時將辛苦賺來的錢交到別人手裡，這種感覺讓人相當難受。

法則2 尋找平衡

創業帶來的不安全感，與當員工時完全不同。

創業會幾乎完全占據你的生活。它會占去你大部分的時間，而當你沒在忙的時候，你的腦海也還是在思考它。當然，儘管過程中會有一些煩惱，但整體來說應該是令人愉快的事，所以你大概也不會介意花如此多時間在上面。

創業這條路充滿了擔憂，這幾乎是必然的。除了擔心能否談成生意、新產品在市場的反應之外，還有另一種更深層的不安：創業帶來的不安全感，與當員工時完全不同。沒有人發薪水給你；沒有退休金，除非你自己設立；你明天是否還會有工作機會也沒有任何保證。如果一切崩潰，你不僅會失業，還可能會背負巨額債務。

我不是想讓你灰心。有些人很適應這樣的生活，他們自由、不受束縛，享受掌握自己命運的感覺；但有人始終無法擺脫不安感，總是在擔心，即使一切進展順利，也無法眞正享受其中。這兩種情況我都見過很多次，所以在創業前，你要確保自己能適應缺乏穩定工作的生活，否則整個人生都會受到影響，工作與生活都可能陷入難以應付的狀態。

要是你覺得能自由地做自己想做的事，也樂於承擔經營事業所帶來的起伏風險，那就很好。當然，投入越多時間，越有信心能夠一切順利。創業者的工作永遠做不完，因爲你的職責就是主動出擊、策劃新項目、構思新產品或服務、追逐新商機。沒錯，永遠都有事情等著你去做。

如果你年輕且單身，這樣的生活方式當然很棒，你可以全力投入，毫無顧慮。但如果你有家庭、孩子或年邁的父母，別忘了，他們也需要你的時間。婚姻破裂的情況在創業者中並不罕見，還有朋友告訴我，他們後悔創業時沒有多花時間陪伴孩子與父母。

我曾與伴侶共同創業，這種模式並非適合所有人，但確實有助於避免事業影響婚姻，不過同樣無法讓你有更多時間陪孩子。你必須設定明確的界線（你自己也需要這個界限，不只是爲了孩子）。當孩子還小的時候，我們訂下的原則是：不論發生什麼事，晚上六點後和週末都不工作。我們大部分時候都遵守了這個原則。

你可以選擇適合自己的方式，但如果你開始破壞規則，便會陷入惡性循環。若想讓婚姻長久，與孩子的關係和諧，就必須在時間管理上保持紀律。只要做到這一點，你將擁有最有趣、最有成就感的人生。

法則3

設想最壞的情況

務必假設至少需要三年才能開始獲利。

抱歉這麼說，但事情往往不會按照計畫走，除非你已經為最壞的情況做好準備。如果你知道該如何度過艱困時期，當困難真的來臨時，你會應對得更好，而困難是肯定會來的。

我見過太多公司倒閉，只因為創業者沒有備案，像是銷售比預期花更多時間才開始獲利（這幾乎是必然的）、主要客戶破產，或經濟衰退等等。我有一位朋友，他經過多年努力建立起一個非常穩定的事業，但他的客戶主要來自銀行業和建築業，而這兩個產業竟然同時遭遇危機，結果拖垮了他。看到這一切，實在令人心碎。

在經濟衰退期間有許多企業倒閉，失去自己的事業通常比丟掉工作還慘，但存活下來的企業會變得更精實、更有競爭力，最終獲得成功。他們之所以能夠度過難關，是因爲他們已經爲最壞的情況做好準備。就算眼前風平浪靜，也務必做好準備，因爲風暴雨往往是在晴空萬里時悄然醞釀的。

首先，無論你的商業計畫或現金流預測如何，務必假設至少需要三年才能開始獲利。我也不知道爲什麼幾乎總是這樣，但事實就是如此，就算當下你完全看不出原因。當然，你也會在媒體上看到一些案例，有人剛好踩住時代浪潮，訂單多到接不完，但這是極其罕見的例外，所以才會成爲新聞。媒體常將這類成功描繪成毫無預警、突然爆紅的現象，但實際上，這背後往往少不了縝密的思考、長時間的努力、精準的行銷策略，以及相當程度的運氣。千萬別假設這種事會發生在你身上，尤其別把運氣當成理所當然的成功因素。

那麼，該如何爲未知做好準備？你需要分析公司的優勢，特別是劣勢。你是否過度依賴少數幾位大客戶？如果原物料價格突然飆漲怎麼辦？萬一下一季的產品不像以前那樣受歡迎呢？如果有人開業與你競爭呢？如果重要人員（例如你）生病，必須休息好幾週甚至幾個月呢？如果經濟突然崩盤呢？如果有新技術出現，直接取代你的產品或服務？如果你遭遇重大電腦故障呢？如果電話或電力中斷好幾天怎麼辦（我親身經歷過）？

這些事情不會同時發生，但遲早會發生一兩件。你無法預測是哪一兩件，所以你需要針對每一個潛在威脅擬定應對策略。一旦你完成這些準備，你就能睡得安穩些了。

法則4

擁有一個使命

你必須專注在「你的公司到底是為了什麼而存在」的這件事。

使命宣言到底有什麼作用？僅僅是自我陶醉的行銷廢話？還是實際上確實有它的作用？我在第一次創業之前，總是對其他公司的使命宣言抱持著極大的懷疑態度。確實，有些使命宣言缺乏深思熟慮，純粹是爲了公關需求而草率推出，的確讓人質疑其眞實性。

然而，不要因爲一些糟糕或濫用的例子而忽視使命宣言的概念。實際上，它對你的事業是非常關鍵的，我保證。使命宣言越簡潔明確就越好。它的作用到底是什麼？簡單來說，它就是你的公司最核心、最根本目標的明確聲明，也就是公司存在的理由，以及在世界上立足的正當性。許多知名企業的使命宣言都簡單得驚人，像是「傳播理念」、「爲人們省錢」或「加速世界邁向綠色能源的轉型」。

使命宣言中最重要的一環，就是你在撰寫它時所經歷的思考過程。你必須專注在「你的公司到底是爲了什麼而存在」的這件事，這比想像中困難得多，但絕對必要的。

當你精煉出能完美概括公司存在意義的使命宣言時，它就可以做爲你各種規劃的依據。我們該不該拓展某條產品線？對照一下使命宣言，看看它是否符合使命宣言的核心精神。公司的利潤是否適合投資於此？有沒有符合使命宣言中設定的原則？使命宣言成爲你在做規劃時的基準石，幫助你聚焦、走在正確的軌道上。

商業計畫也是同樣的道理，雖然它更加靈活。當然，商業計畫比使命宣言包含更多細節，可以根據需要進行修改，以反映業務變化或維持推進。如果你沒有借錢，其實是可以在沒有商業計畫的情況下就創業，但我不推薦這樣做。因爲它同樣可以迫使你去思考那些你本來就該思考、卻很可能忽略的重要事項。

許多創業者在完成商業計畫並獲得資金後，就再也不會看它一眼，這實在太愚蠢，因爲他們錯過了當中許多有價值的規劃資訊。然而，隨著時間的推移，商業計畫也會改變，如果你不持續更新，它很快就會變得毫無參考價值；隨著時間的流逝，你會越來越難掌握大局。最後我給你一個統計數字，希望能清楚說明其重要性：超過百分之九十的失敗企業沒有書面商業計畫。這應該足以說明問題了吧？

法則5

殘酷地面對現實

要成為全能天才是不可能的，這就是現實。

老實說，沒有人可以在所有方面都很優秀。你認識多少人既能掌握大局，又對細節有極強的敏銳度？有多少創意十足的天才同時也擅長處理日常行政瑣事？這些能力特質很少同時出現在一個人身上。要成爲全能天才是不可能的，這就是現實，如果你掉進這種「我什麼都行」的幻想裡，你的事業註定要失敗。

有些創業者認爲，自己不擅長的事其實也沒那麼重要。舉例來說，當他們不喜歡處理數字時，也許還會意識到這不太對勁，但如果他們在顧客關係、品質控管、談判、人員遴選、軟體技能或預算管理方面能力不強，往往就會低估這些方面的重要性。

你的弱點也許就在這些方面，或者很可能是那些跨領域的能力，例如人際關係、做決策、貫徹行動、良好培訓或分派任務等。如果你不正視這些問題，那麼你的弱點清單上又多了一項：不了解自己的局限。相信我，這一點足以讓一間小型企業走向瓦解。

你必須明白，有缺點是很正常的，尤其在經營事業時更是如此。這並不代表你這個人沒有價值，只是你目前掌握的技能組合有限而已。當你在大公司工作時，這些缺點可能無關緊要，因爲你可以發揮自己的長處，其他人則能彌補你的不足，反之亦然。

但創業並非如此。你要確保每個職位都有人負責。當然，你不必自己擁有所有技能，你可以找方法彌補自己的不足、找人協助。但前提是：你必須勇敢面對自己的弱點。

我提到要殘酷面對，所以我就幫你開個頭吧，想想這些事：找外包薪資管理、聘請兼職財務經理或品牌顧問，這沒什麼好丟臉的；聘請一位客服經理或個人助理，也沒什麼好丟臉的；學習談判技巧或報名參加決策力課程，一樣沒什麼好丟臉的。但如果你的事業失敗，只因爲你太固執、不肯承認自己的短處，那才眞的該感到羞愧。

法則6

盡量尋求幫助

有時候你以為需要某人來完成工作，但其實你只需要他們的專業知識。

既然現在你已經誠實面對自己的不足，你就會清楚知道哪些事是你做不到的。畢竟你每天的時間有限，就算是你擅長的事，你也不一定有時間獨自完成。隨著事業的發展，你會發現自己需要額外的技能，而你可能不具備這些技能，或者根本沒時間去親自完成：規劃展覽攤位、爲客戶撰寫資料、處理變得越來越複雜的財務問題，或是開始拓展出口業務。

那麼問題來了。現在工作量足夠讓十幾個人忙，但實際上只有你一個人，或者頂多兩三個人。更糟的是，公司根本沒錢僱用更多人，你該怎麼辦？其實，這是件好事，我是認眞的。我前面已經說過，沒有人能獨力完成所有的事，而我甚至不需要了解你或你的公司就能告訴你：當你身邊有其他人能幫忙時，所能達到的成就遠遠大於單打獨鬥。你只需要巧妙地尋求幫助，就可避免支付超出負擔的費用。

有一些相當容易的解決方案，例如僱用兼職員工，或是以專案方式參與合作，而不是設立一個你負擔不起的全職職位。另一個選擇是引進合夥人，讓他們持有公司股份，他們就會像你一樣努力工作，並只拿公司能負擔得起的薪水。如果你能找到合適人選，而他擁有你一直都需要的技能，這會是一個極好的方法。舉例來說，如果你開發出一個好產品，但對行銷和銷售一竅不通，那麼這些能力對公司存活來說至關重要。在這種情況下，擁有成功企業的五〇％股份，比擁有失敗企業的百分之百股份更値得。但若非必要，對於釋出股權還是要謹愼，而且務必精挑細選合夥人，因爲一旦合作，你就得和對方長期共事。

此外，還有一些可以與其他公司分擔的成本。例如，如果你找到一家產品與你公司互補但不具競爭關係的公司，你們可以輪流參加展覽會、共用一個攤位來推廣雙方的產品。這樣不僅能分攤參展成本，還能節省時間。

事實上，只要找到合適的合作夥伴，那麼能共享的資源就非常多，從郵件宣傳、資訊交流、批量採購原物料，甚至是商機，都有可能合作分擔。

還有一個非常重要的協助來源值得特別關注，因爲它是許多成功的新創企業背後的關鍵之一。有時候，你以爲需要某人來完成工作，但其實你只需要他們的專業知識，如此一來，你就可以自己動手去完成。因此，你需要組成一個顧問小組，成員包含具備行銷、財務、生產、公關等能力，以及對公司特定產品或服務有豐富經驗的人。有些人可能同時擁有多方面的專業知識，這當然很有幫助，但並不是必要條件。

顧問小組可以是正式或非正式，可以定期開會，也可以只是透過電話聯繫。重點是挑選合適的人（無論是朋友、前同事、業界人脈等，只要符合條件都可以，但小組人數要控制在合理範圍內）。通常一開始你不需要支付他們酬勞，要讓他們覺得自己被重視、有價值，別要求每個人投入太多時間，偶爾請他們吃頓豐盛的感謝餐；對此，大多數人會樂於參與，不會急著要酬勞。然後，每當你需要他們的經驗或直覺時，就去請教他們。

法則7
建立強大的企業文化

想一想，你會成為什麼樣的老闆？

你現在不再爲大公司或小公司工作，你不是爲任何人工作，你是老闆、大人物、最高指揮官、主導一切的人，所有決策都由你來做。

隨著你的事業擴展，遲早你會有自己的員工。也許從一位兼職員工開始，然後逐步擴展到幾位全職員工，最終甚至可能會建立多層級的管理架構。即使你不是個自我膨脹的人，看到事業發展起來，還是會感到相當欣慰。

這是一個漸進的過程，你未必會察覺到它正在發生，直到某天醒來才突然意識到，當你正忙著思考其他事情時，你已經身在管理職，即使你不特別喜愛這個角色，但如果想讓事業成長，這是無法避免的責任。

那麼，你會成爲什麼樣的老闆呢？你會嚴格執行規定，員工遲到兩分鐘就開除？還是你會仁慈關懷，讓員工在遇到個人危機時能彈性調整請假時間？你會定期走訪各個部門嗎？還是你會選擇扁平化管理，不設上下階級劃分？

無論公司處於何種階段，你現在就需要開始思考這些問題。你一開始可能只有一兩名員工，而且可能會把他們當朋友對待，只要你確定他們不會濫用這份關係；但這樣的模式會慢慢變成習慣，當你某天意識到自己已經有二十名、五十名甚至兩百名員工時，可能會後悔當初讓這樣的企業文化發展下去，當然了，也有可能你對此是感到滿意的。總之我無法替你做決定，但你必須從一開始就想清楚，並設定自己想要的管理風格。

身爲最高負責人，和在別人公司擔任管理職位是完全不同的。你做的每一個決策不僅要負道德與實際責任，還得承擔法律責任，更重要的是：你將塑造整個企業文化。想一想，你曾待過的那些公司：有的同事之間互相幫忙；有的管理階層難以親近；有的公司同事都很體貼；有的充滿競爭與背後中傷；有些工作環境把員工照顧得很好；也有些地方大家都怕老闆怕得要命；還有一些公司，員工把制度當成可鑽的漏洞。

這一次，一切都取決於你。企業文化是由上而下塑造的。你從最初那一兩位員工開始所樹立的工作模式，會隨著公司成長而延續下去，不要把它交給運氣決定，你得親手打造出你想要的企業文化。你是一位懂得遵循法則的經營者。我相信你會想要建立一種既關懷又專業的文化：每個人都盡其所能；犯錯可以被接受，只要能從中學習；老闆充滿熱情、平易近人，並受到大家尊敬。沒錯，那個老闆就是你。

法則8

不要對所有事都說「好」

你要從自己的立場去分析每筆交易。

我有位朋友經營一家小型出版公司。有一天，她接到英國某大型連鎖超市的訂單，對方想訂購數萬本書。這樣一筆交易，即使對大出版商來說也是極具吸引力的。在最初的興奮情緒過去後，她冷靜地坐下來開始算帳。

最後，她拒絕了這筆交易。很多在大型出版社工作的朋友都覺得她瘋了，但她其實只是保持冷靜、理性思考。因爲那家超市開出的單本價格很低，這是意料中的事。不僅如此，出版業普遍採用「賣不掉就退貨」的模式，所以只要超市沒賣完就會把書退回來，而退回的部分是不支付費用的。超市一開始下單就是數萬本，那麼最後也可能退回數萬本，如此一來，她不只賺不到錢，反而可能要倒貼。大出版社可以承擔這樣的風險，但她不能。

如果你曾在大公司工作過，然後才出來創業，千萬不要陷入「以大公司視角看待事情」的陷阱。你要從自己的立場去分析每筆交易，有些交易看起來誘人，實際上可能遠不如表面那麼美好。

再舉一個例子。每個產業和國家都有其法律、制度、流程和登記規定，這些全都需要處理一堆文書作業（唉）。當你開始經營自己的公司後，你會更深刻地理解「時間就是金錢」的道理。當然了，你不必親自處理這些文書，但如果不自己做，你就得花錢請別人代辦，而處理得越久，花費就越高。

通常當你達到一定的員工人數、營業額，或廢棄物數量達到某個標準後，就會產生額外的程序，也就是更多的文書工作。有些供應商或客戶會要求你提供過去不需要的文件；有些國家的出口作業比其他國家複雜得多；某些原料則必須遵循特殊規範。

你很容易在不知不覺中陷入這些程序，忽略了它們所帶來的行政負擔，然後發現自己被一堆文書工作給纏住，甚至不得不雇人幫忙處理，或者乾脆自己熬夜工作到半夜。

當然，有時候這一切是值得的，但有時候並不然。你需要仔細思考每一項變動帶來的行政工作增加，不論是增加員工、承諾某個大客戶、採用新材料、拓展新市場，還是購買自己的運輸工具等等。

閃閃發光的未必都是金子，有些新合約最後反而可能變成沉重的負擔。對新的商機感到興奮是創業的樂趣之一，但在答應接下生意之前，一定要把所有的後果想清楚，就連那些乏味又繁瑣的行政問題也不能忽略，這類交易一旦簽了之後，通常比事前拒絕還要困難得多。

法則9

堅定你的決定，別變來變去

如果你老是改變主意，你會花掉不必要的錢。

許多創業者都充滿創意，這沒什麼不好，只是有時候，有創意的人容易缺乏組織性。從正面角度來說，他們充滿動力、富有彈性、多變性；換個說法就是：思緒到處亂飛，毫無頭緒。

沒錯，他們就像蝴蝶一樣，這邊飛一下、那邊試一下，在不同點子間來回跳躍：「我要試試這朵花，還是那朵呢？喔，那朵看起來不錯，等等，也許剛剛那朵更好。」換成在商業上就是：「我覺得我應該要做一本彩色手冊，呃不，其實放上網路就好；不對，還是印吧。但印十二頁好了。嗯，或者乾脆做成海報會不會比較好……」

如果你能在幾分鐘內完成這個思考過程並做出決定，那倒也沒問題，但情況通常並非如此。我告訴你一個秘密：大多數網站設計師不喜歡和創業者合作。爲什麼？因爲這些創業者會不斷改變主意。你明明照他們的需求做出來了，他們卻又開始猶豫，重新修改，然後又有了第三次想法、修改，如此反覆不斷。

我不是因爲同情網站設計師、想讓他們輕鬆一點才告訴你這些，我是爲了幫你。聽好了，如果你老是改變主意，你會花掉不必要的錢，而這些錢原本是可以省下或用在其他更應該花錢的地方。網站設計師可能會被你的反覆搞到快抓狂，但最後他們會沒事，因爲他們會向你收取多耗費的時間所產生的費用。眞正損失的其實是你自己的荷包。

如果你無法下定決心、確定計畫，你也會錯過各種截止日期。例如，網站要花費比預期更多的時間才能上線啓動；其他事情也是如此：從選擇場地到籌辦產品發表會，或是讓產品完成開發等，每一項都會被拖延；當你不斷變動方向、改來改去，人們會開始不想和你共事，因爲他們根本無法順利完成自己的工作。我認識不少創業者，他們的員工其實很喜歡他們，但最後還是接連離職，因爲眞的無法忍受這種挫折和壓力。

善變的管理者常常忘記告訴員工需要知道的關鍵訊息，或是忘記說明已改變的指示，結果就是每件事都進展緩慢，導致供應商調高報價，顧客也因等待遲遲無法上線的新產品而感到厭煩。

盡情發揮創意吧，我知道這是你的天性，無法避免。總會有更好的點子或更新的構想出現，但你必須在某個時候把門關上，做出決定，然後堅定執行。從那一刻起，你要相信自己的決策，堅持現有方案，只需在過程中微調就好。

法則10

你的時間就是大家的時間

你如何管理自己的時間會直接影響整間公司的時間管理。

我曾經爲一位老闆工作，他擁有一家非常成功的小公司，總是充滿活力。比起市場上笨重龐雜的大型競爭對手，這類公司因爲能更快做出決策，所以通常可以取得優勢。結果他的公司迅速成長，當我開始爲他工作時，公司大約有四十個人。一年後，員工達到六十人，但公司的運作卻變得遲緩，徹底喪失了原本的優勢。這是爲什麼？

老闆犯了一個簡單卻關鍵的錯誤：隨著組織成長，他沒有調整自己的管理風格；他仍然用創業初期的方式在管理公司。你想想，當你只有六名員工時，你可以隨時掌握他們的工作情況，親自核准他們的每個決策。畢竟這是你的公司、你的資金，你當然得確保一切正確無誤。

問題在於，如果隨著公司成長你還是照舊這麼做，你會越來越分身乏術。規模大的組織會有更多的業務活動、更多決策、更多產品與會議。你不可能每一件事都親自參與，因爲時間根本不夠用。你如何管理自己的時間會直接影響整間公司的時間管理。

我之所以在這家公司只待一年，是因爲實在受不了那種挫折感。而且我不是唯一離職的人，老闆開始不斷流失員工。我們需要他批准決策，爲此大家費盡心力，因爲他忙著微觀管理每一個人，或者在終於做出決定後又反悔（請參見前一條法則）。這意味著我們無法好好地完成自己的工作，錯過了最後期限，讓客戶和供應商失望，支票也拖很久才會簽發（在他待辦清單中，簽支票永遠不如其他事緊急），最終公司整體運作開始停滯不前。他是個很好的人，我們大家都喜歡他，而他也知道自己拖慢了進度，所以從不責怪我們，但不知怎麼，他也從沒眞正去解決這個問題。

那麼，當你的公司成長時，你該怎麼做？我這位前老闆又應該怎麼做才對？你身邊需要有一些你信任的人，這很重要，然後你要授權給他們。這比你想像的困難得多，因爲把自己公司的決策權交出去，其實比你在替別人工作時更難。但如果你希望自己的事業持續發展，你就必須這麼做。

舉起雙手，遠離細節。專注於大局、關鍵決策以及整體的發展方向。你只要管理公司頂層的幾位核心人物，讓他們去管理其他人。

一旦你掌握了這項能力，你的員工就能放心專注在他們的工作，你自己也能專注在眞正重要的決策上，而你的公司也將因此得以成長與茁壯。

說在最後

這始終是一場冒險，總是充滿刺激、令人振奮。

好了，法則就到這裡。這是你的書，好好保密、妥善收藏。如果你不讓其他人看到，你就已經領先一步，甚至不必多做什麼。

我非常享受當管理者的過程，不論是在別人的公司裡，還是作爲創業者，這段旅程帶給我極大的成就感，儘管有時也伴隨不少壓力，不過這始終是一場冒險，總是充滿刺激、令人振奮。

這些年來，我逐漸領悟出這些基本的法則，我相信你不可能在任何一場管理培訓課程中學到它們。這些法則陪伴我度過多年時光，從一位不起眼的基層主管，一路走到擔任自己公司的總經理。我希望這些法則對你也同樣有所幫助。

我並不期待你能記住所有法則，或完全遵循每一條法則，甚至完全認同它們。但它們是一個不錯的起點，可以幫助你有意識地做出決策和管理，而且不會讓你成爲一個循規蹈矩的乖乖牌。

在寫這本書時，我訪談了許多管理者和創業者，想了解他們心中那些不成文的秘密法則，結果令我震驚的是，竟然還有很多人奉行著「陷害他人、背後捅刀、一路爬到頂端」的處世哲學。說實話，挺讓人難過的。他們看起來都很憔悴、身形消瘦、壓力沉重、表情驚恐，完全無法放鬆。相比之下，那些遵循本書法則的人，顯得更快樂、更從容，與員工更能和平相處，而且他們的員工尊敬他們，喜歡爲他們工作、與他們共事。這樣不是很好嗎？

最後，祝你一切順利。

這樣就夠了嗎？

你要明白，這可不只是管理而已。只要你夠聰明，你就會想了解在生活、金錢、工作、人際關係、教養孩子等各方面都十分成功的人是怎麼做的。幸運的是，我已經為你完成了艱辛的部分——多年來的觀察、提煉、篩選和歸納，把真正能產生影響的內容濃縮成實用的小法則。

我一直很謹慎，避免將「法則」延伸得太誇張，但因為讀者強烈要求，我開始著手處理那些影響我們生活的重大課題，所以接下來你會看到來自其他幾本法則系列書的精華版：《工作的法則》、《財富的法則》、《人際的法則》，看看你有何想法。如果你喜歡的話，每本書裡還有更多精彩的法則等你去探索。

摘錄自《工作的法則》

讓你的工作被看見

主動提出報告是讓你脫穎而出的絕佳方式。

在辦公室這個忙亂喧囂的環境中，你的工作很容易被忽略。你埋頭苦幹，卻很難被記住，因此需要付出一些心力來提升個人地位，獲得應有的認可。對此有一點非常重要：你必須留下你的印記，讓自己脫穎而出，這樣晉升的機會才會落在你身上。

最有效的方法就是跳出日常工作的慣性。如果你每天都得處理許多小事情（其他人也是），那麼你即使做得更多，也不見得能因此受到矚目。但如果你向主管提交一份報告，說明大家可以如何提升處理小事的效率，你就會被注意到。主動提交報告是一個很棒的方式，能讓你從人群中脫穎而出，這顯示出你能隨機應變、主動積極，不過這方法不能太頻繁地使用。如果你不斷塞報告給主管，確實會讓人注意到你，但有時這麼做並非好事。所以你必須遵守一些原則：

- 只在適當時機提交這種報告，不要太頻繁。
- 務必確保你的報告有實質作用，是真的能帶來改善或具備實際效益。
- 確保你的名字清楚地標示在報告上。
- 確保這份報告不僅讓你的主管看到，他的上司也能看到。
- 記住，不一定非得是報告，也可以是刊登在公司內部刊物上的文章。

當然，讓你的工作能力被看見的最有效方法，就是把工作做到非常非常出色。而要做到這一點的最佳方式就是全心投入工作，其他一概不理。在工作的名義下，其實有大量的辦公室政治、八卦閒聊、爾虞我詐、虛耗時間以及過度社交，這些都不是工作。只要你專注在正事上，你就已經比多數同事更有優勢了。懂得使用法則的人會保持專注，把心思放在手邊的工作——將事情做到最好，不會被其他事情干擾分心。

摘錄自《財富的法則》

任何人都能致富，只要你全心投入

你和其他人一樣，都有權利和機會去爭取你想要的一切。

金錢最迷人的地方就是它對任何人都沒有差別待遇。它不在乎你的膚色、種族、社會階級、家庭背景，甚至不在乎你對自己的看法。每一天都是全新的開始，不論你昨天做了什麼，今天都可以重新出發，你和其他人一樣，都有權利和機會去爭取你想要的一切。唯一能阻礙你的只有你自己和你心中那些對於金錢的迷思。

世界上的財富，每個人都能夠想擁有多少就拿多少。還能有更合理的解釋嗎？金錢無法判斷誰在使用它，也不在乎你的學歷、抱負或社會階級。金錢沒有耳朵、沒有眼睛、沒有感官，它是中性的、無生命的、毫無情感的，它一無所知。它的存在就是爲了被使用與花費、儲蓄與投資、爭奪、誘惑，或辛苦賺來。金錢沒有任何判斷機制，所以它根本不會去評斷你是否「値得」擁有它。

我觀察過很多非常富有的人，他們唯一的共同點就是：他們都遵循「財富的法則」。富人是多樣化的族群，最不可能致富的人也可能腰纏萬貫；他們有的優雅、有的粗魯、有的聰明、有的愚蠢、有的實至名歸，也有的不配擁有。但他們全都有一個共通點，就是走上前說：「對，我就是想要那一部分。」而窮人則通常說：「不了，謝謝；這不適合我、我不夠格、我不値得、我不行、我不該、我不能。」。

《財富的法則》這本書的目的就是要挑戰你對金錢和富人的既有觀念。我們總認爲窮人之所以貧窮，是因爲環境、出身、成長背景以及所接受的教育。但如果你有能力購買這本書，並且生活在相對安全與舒適的環境中，那麼你也擁有成爲富人的力量。也許這條路很辛苦、很不容易，但絕對做得到，這正是《財富的法則》書中的法則一：任何人都能致富，只要你願意全心投入。其他的所有法則都是在教你如何做到這一點。

摘錄自《人際的法則》

沒有人必須和你一樣

即使你不喜歡某件事，也不代表它就是錯的。

我以前上班時，旁邊同事的辦公桌整齊得令人難以置信。所有檔案排得整整齊齊，咖啡杯底下必須放一個精緻的杯墊，所有的筆、打孔器、迴紋針都擺在特定位置。他工作的方式也是一樣，所有文件都要在用完後立即歸檔，所有筆記都要用正確顏色的筆來寫，每封電子郵件都要標上顏色並分類歸檔，待辦清單上還會用各種記號標示優先順序、緊急程度和重要性。

這讓我很抓狂。他無法即興行動，也不能在任務進行中臨時改變方向，對於追蹤新想法也從來沒什麼靈感或衝動。他完全無法接受我把一疊未整理的文件放在他那一排排整齊的檔案上。我常覺得他這樣根本是在扼殺自己的創造力，限制了自己應變的能力。

但是……我最終不得不承認有個「但是」：每當有突發緊急情況，誰最先找到相關電子郵件？是誰總能在其他人忘記某項重要細節時幫忙補上？是誰能以超高效率處理好每一場活動或專案？是誰每次開會都準時出現，不但帶齊所有資料，甚至還準備了備份，以防像我這樣的人把文件忘在辦公室？

說實話，很長一段時間裡，我其實有點瞧不起這位同事，因爲他不像我一樣能提出新點子、說服其他部門配合我們，或隨機應變。但阻礙他做這些事的，並不是那張過度井然有序的辦公桌，而是他本來就不是這樣的人罷了。他的辦公桌只是最明顯的線索：顯示出他是誰，也表現出他的能力組合；和我截然不同。而我也終於明白了，他的價值和我一樣，只是不同而已。

我們每個人幾乎都有過這種時候：覺得自己的做法才是最好的，和我們不同的人就算不是錯的，至少「不如我們正確」。我記得大約十二歲時，有一次去朋友家過夜，我發現他們家用的牙膏跟我們家的不一樣。我當時覺得他們超奇怪，很明顯我們家用的才是最好的牙膏，不然我們也不會選擇它？他們爲什麼不用呢？

其實這些道理你我都知道，只是有時候會忘記。當別人讓我們快要抓狂時，批評他們愚蠢、不理性或難以相處，這總比承認「也許他們的行爲完全合理，只是和我們不合拍」來得簡單得多。但如果你想讓人發揮所長，不論是爲你還是爲了他們，你必須對自己嚴格，不斷提醒自己：即使你不喜歡某件事，也不代表它就是錯的。

當我接受那位同事永遠不可能像我一樣讓桌上凌亂不堪、而且其實這樣也沒什麼問題，我發現要欣賞和喜歡他，就容易多了。

國家圖書館出版品預行編目（CIP）資料

管理的法則：那些可以讓你看起來冷靜加分，在競爭中搞定一切的潛規則／理查．譚普勒（Richard Templar）著；陳思霖譯. -- 初版. -- 新北市：日出出版：大雁出版基地發行, 2025.04
320面；15×21公分
譯自：The rules of management : a definitive code for managerial success, 5th ed.
ISBN 978-626-7568-89-7（平裝）

1.CST: 管理者　2.CST: 組織管理　3.CST: 成功法

494.23　　114003227

管理的法則：
那些可以讓你看起來冷靜加分，在競爭中搞定一切的潛規則
The Rules of Management: A Definitive Code for Managerial Success (5th Edition)

作　　者　理查．譚普勒（Richard Templar）
譯　　者　陳思霖
責任編輯　夏于翔
協力編輯　黃暐婷
封面美術　兒日

發 行 人　蘇拾平
總 編 輯　蘇拾平
副總編輯　王辰元
資深主編　夏于翔
主　　編　李明瑾
業務發行　王綬晨、邱紹溢、劉文雅
行銷企劃　廖倚萱
出　　版　日出出版
　　　　　地址：231030新北市新店區北新路三段207-3號5樓
　　　　　電話（02）8913-1005　傳真：（02）8913-1056
發　　行　大雁出版基地
　　　　　地址：231030新北市新店區北新路三段207-3號5樓
　　　　　電話（02）8913-1005　傳真：（02）8913-1056
　　　　　讀者服務信箱 andbooks@andbooks.com.tw
　　　　　劃撥帳號：19983379　戶名：大雁文化事業股份有限公司
印　　刷　中原造像股份有限公司
初版一刷　2025年4月
定　　價　520元
I S B N　978-626-7568-89-7